できる

Google Apps Script

自動処理

全部入り。

仕事がはかどる

リブロワークス 著

吉田哲平 監修

JN021759

インプレス

■ はじめに

昨今の社会情勢は、リモートワークの急速な浸透を促し、それに合わせてビジネスの現場では文書管理のクラウド化が進んでいます。そうしたビジネスクラウドサービスの代表格が、Googleが提供する、Gmailやスプレッドシートなどのクラウドアプリケーションです。

そして、それらを自動処理するキー技術が、本書で取り上げるGoogle Apps Scriptです。

オフィスで最もよく使われるアプリケーションといえば、MicrosoftのExcelですね。それとほぼ同じ機能を持つのが、Googleスプレッドシートです。Google Apps Scriptでは、スプレッドシートを中心に、Gmailやカレンダーなどと連携することで、事務処理の多くを自動化できます。そのため、本書でもスプレッドシートの操作を中心に解説しています。

本書の最大の特徴は、実業務を想定した自動化スクリプトです。例えば、次のようなスクリプトを掲載しています。

・請求品目と請求先の一覧から請求書を作成
・作成した請求書をメールに自動で添付して送信
・Webブラウザで入力した出退勤時間をスプレッドシートに記録
・スプレッドシートで管理している個々の作業スケジュールをWebブラウザで一覧表示

このようなスクリプトの作り方を、少しずつステップを踏んで丁寧に解説しました。

なお、Google Apps Scriptはプログラミング言語としてJavaScriptを採用しています。本書ではGoogle Apps Scriptに多くの紙面を割くために、JavaScriptの基本文法については割愛しています。JavaScriptについてはすでに多くの入門書が刊行されていますので、あわせてご参照いただけると幸いです。

本書で学習した「ワザ」が、皆様の身の回りの業務の自動化、効率化に役立てば、私たちにとってこれ以上の喜びはありません。

最後に、現役のエンジニアとしての視点から、多くの助言をくださった監修の吉田哲平様に、厚く御礼申し上げます。

2020年11月　リブロワークス

Google Apps Script 自動処理 全部入り。
仕事がはかどる

contents もくじ

Chapter 3　Googleドライブの自動化

093

Chapter 6 Webアプリを作成する

209

Chapter 7　スクリプトをデバッグする

本書の前提

本書に掲載されている情報は、2020年10月現在のものです。動作確認は、Windows 10、Google Chrome（バージョン86.0.4240.75／64ビット）で行っています。

サンプルスクリプトのダウンロードサービス

本書で紹介しているスクリプトをダウンロードいただくことができます。実際にスクリプトの動作を確認しながら本書をお読みいただくことで、より深い理解を得られるでしょう。サンプルスクリプトのダウンロード方法は、P.279を参照してください。

Chapter

1

Googleスプレッドシート とGoogle Apps Script

⊙⊙1 | Google Apps Scriptとは

◢ GoogleのアプリケーションとGoogle Apps Script

Google Apps Script（以降、GASと表記します）とは、Googleが提供するアプリケーション群を操作するためのスクリプト実行環境です。スクリプトとはプログラミング言語で書かれたテキストファイルのことで、GASでは言語にJavaScriptを用います。

スプレッドシート（表計算アプリ）、ドキュメント（文書作成アプリ）、スライド（プレゼンテーション作成アプリ）、ドライブ（クラウドストレージ）、カレンダー、Gmailなど、Googleが提供するアプリケーションの豊富さ、実用性・洗練度の高さは、これらがあれば、ビジネスにおける一般的作業の大半はこなせると言っても過言ではないものです。本書を手に取られた方の中にも、社内業務にこれらアプリを積極的に取り入れているという方は多いかもしれません。

◢ アプリの可能性を広げるGAS

このように大変便利なGoogleのアプリですが、それらを使う中で、同じ操作を何度も繰り返すことに、面倒さを感じることはないでしょうか。例えば、スプレッドシートでデータを入力してはコピー&ペーストを繰り返す、あるいは何社宛てもの請求書をGmailで送付する……などなど。

また、Microsoft OfficeのVBAで作成できるような、ある作業に特化した独自のツールを作れないのかと思った方もいるのではないでしょうか。

GASは、そんな悩みやニーズに応えます。GASはJavaScriptにより、Googleのアプリケーションを、単体としてはもちろん、横断的に操作することができます。先の請求書送付の例で言えば、スプレッドシートに登録してある請求データから請求書を作成し、Gmailにより決まった日時に送信するということもできます（この自動化は本書の後半で実際のサンプルスクリプトをもとに解説します）。

請求書送付の自動化

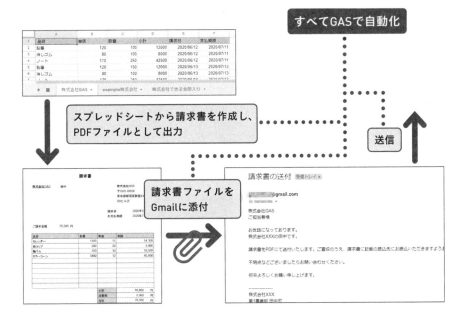

その他にもGASでは次のようなことが実現できます。

- 大量のドキュメントやスプレッドシートのファイルを、自動でPDFファイル化する
- Webアプリのフォームから入力された内容をスプレッドシートに登録する
- スプレッドシートにまとめておいた予定をカレンダーに登録する
- マイドライブに保存されているファイルを一定期間おきに別フォルダに移動する
- ドライブ上のフォルダやファイルの名前を一括で変更する

以上に挙げたのはもちろん、ほんの一部の例ですが、GASの活用についてイメージが湧いてきたでしょうか？ GASを習得することは、発想や工夫次第で各アプリの利便性を何倍にも高め、結果として業務の効率と正確性を大幅に向上させる可能性があるのです。

GASが操作できるGoogleのアプリケーション

なお、GASでは、次のアプリケーションを操作することができます。

- Calendar - カレンダー
- Contacts - 連絡先
- Data Studio - データスタジオ
- Document - ドキュメント
- Drive - ドライブ
- Forms - フォーム
- Gmail
- Groups - Googleグループ
- Language - 翻訳
- Maps - マップ
- Sites - Googleサイト
- Slides - スライド
- Spreadsheet - スプレッドシート

　この他にも、Advanced Google servicesと呼ばれる機能を有効にすること で、GoogleアナリティクスやBigQueryといったその他のGoogleのサービス を操作したり、先述のアプリの一部に対してより高度な操作を行ったりする ことができますが、本書の説明範囲ではないので詳説は割愛します。

◪ 本書の対象読者

　GASの使用言語はJavaScriptなので、その経験がある方なら比較的容易に 覚えることができます。

　本書は、JavaScriptにある程度なじみがある読者を対象に、**GASとスプレ ッドシートを組み合わせた日常業務の自動化**を主に解説します。そのため、 JavaScriptの基本的な文法や用語の解説には触れません。これらについては、 JavaScriptの入門書などで学習されることをおすすめします。

ここもポイント	最新構文が使えるようになったGAS

少々専門的な話になりますが、JavaScriptにはECMAScriptという標準規格が策定さ れており、その仕様は数年おきにバージョンアップが重ねられています。
かつてのGASは、Rhino（ライノー）というJavaScriptエンジン（「JavaScriptのスク リプトを実行するためのプログラム」くらいに考えてください）を使用していました。 しかしRihinoは最新のECMAScriptに対応しておらず、新しく採用された構文や機能 を利用することができませんでした。
現在のGASは、Google Chromeにも採用されているV8 RuntimeというJavaScriptエン ジンで実行されるようになりました。これにより最新のECMAScriptの構文が利用可 能になりました。例えば、以前GASでは使用できなかったletとconstによる変数宣言 や、アロー関数などの構文を使用することができます。このうち、letとconstにつ いては、Chapter 4のP.150以降で実際に使用しますので、その際にvarとの違いや使 い方を説明します。

○○2 なぜスプレッドシートと GASを組み合わせて使うのか

前節で、GASはGoogleのさまざまなアプリを操作できることを説明しました。しかし、本書ではその操作対象として**スプレッドシートを中心に据えて解説します。**

その理由は、GASとの組み合わせによって、スプレッドシートを社内システムの中核として利用することができるからです。ご存じの通り、スプレッドシートは本来、表を作成したり、表上の数値データを計算したりするためのアプリです。しかし、その系統立ててデータを管理できるという特徴と、GASによる自動処理を組み合わせることにより、スプレッドシートを社内の簡易的なデータベースとして使うことも可能です。

例えば、Webフォームから入力したデータをスプレッドシートに蓄積したり、逆に、スプレッドシートに入力しておいたデータを集計して、社員だけがアクセスできるWebページに結果を表示したりすることができます。Gmailやカレンダーなど、他のアプリからスプレッドシートのデータを利用することも可能です。

GASによる業務の自動化を始めるに当たって、スプレッドシートから手を付ければ、比較的早く成果を挙げることができるのです。

なお、Chapter 5ではスプレッドシートと他のアプリの連携に役立てるために、ドキュメント、Gmail、カレンダーの操作についても簡単に解説します。

◢ Excelとの比較

現在、もっとも広く使われている表計算ソフトはMicrosoft Excelでしょう。Excelの自動化を実現するプログラミング言語としてはVBAが標準です。また、近年注目を集めているプログラミング言語であるPythonでも、APIを通じてExcelを操作することが可能です。これらに対して、スプレッドシートとGASの組み合わせを使うメリットとは何でしょうか。

クラウド環境で動作する

Excelに対するスプレッドシートの決定的な違いは**完全なクラウド環境で**

アプリの実行、およびデータの保存がされるという点です。クラウドとは、とても簡単に言えば、インターネット上のアプリケーションをWebブラウザを通じて使うことです。クラウドのおかげで、スプレッドシートでは社内でのファイル共有が手軽にできます。

　一方、Excelファイルを共有するには、ファイルサーバーなど、ファイルを共有するためのコンピューターを、ユーザーが用意する必要があります。その点、スプレッドシートでは、Googleのクラウドサーバー（Googleドライブ）でファイルを管理するので、必要なのはインターネットに繋がった各自の端末と、Googleアカウントだけです。

タイマー実行ができる

　加えて、GASではトリガーと呼ばれる機能による、タイマー実行が可能なのも大きな利点でしょう。Excelの場合、VBAもPythonも、パソコンの電源が入っていなければプログラムは実行できません。しかしGASのトリガー機能を使えば、アプリ、データ、スクリプトいずれもクラウド上にあるので、手元のパソコンが起動していなくとも、24時間いつでもスクリプトを実行させることができます。

⊙⊙3 | 確認しておきたい注意点

◪ 無料ユーザーの制限事項

スプレッドシートなどのアプリやGoogleドライブと同様、GASは無料で利用することができます。一方、Googleはこれらアプリケーション群やGoogle App Scriptを有償で提供する **G Suite** と呼ばれるサービスも提供しています。G Suiteが提供するアプリ群は無料版と同じですが、独自アドレスや24時間体制のサポート、無料版より大容量の保存領域など、ビジネス用途に向いたサービスを利用できます。そして、GASに関しても、無料ユーザーとG Suiteではスクリプトの実行時間や回数の制限において差があります。

本書執筆時点（2020年10月）において、公式リファレンスに掲載されている、無料ユーザーとG Suite Buisinessの実行制限を比較した表の一部を抜粋しておきます。その他のプラン、制限項目についてはリファレンス（https://developers.google.com/apps-script/guides/services/quotas）をご覧ください。また、これらは今後変更される可能性があるので注意してください。

	無料ユーザー	G Suite Business
スクリプトの実行時間	6分/実行	30分/実行
スクリプトの同時実行数	30個	30個
スプレッドシートの作成数	250個/1日	500個/1日
ドキュメントの作成数	250個/1日	500個/1日
Gmailの受信者数	100/1日	1500/1日
Gmailの本文サイズ	200KB/メッセージ	400KB/メッセージ
Gmailの添付ファイル数	250個/メッセージ	250個/メッセージ
トリガーの設定数	20個/ユーザー/スクリプト	20個/ユーザー/スクリプト
トリガーによる総実行時間	90分/1日	6時間/1日
URL Fetch response size	8kB / call	8kB / call

この中でも気を付けたいのは1回当たりの実行時間の制限です。無料ユーザー（および上記に記載していませんがG Suite Basic）では、1回当たりのスクリプトの実行時間が**6分以内**に制限されています。この制限時間を超過すると、スクリプトはエラーを出して実行を終了してしまいます。

6分間と聞くと、そんなに問題があるだろうかと思われるかもしれません。しかし、GASが1つ1つの命令を各アプリケーションに対して実行するのには思いの外時間がかかります。スプレッドシートで言えば、操作対象のデータが大量になると、意外と簡単に6分を超過してしまうので、注意する必要があります。本格的なビジネス用途として利用する場合は、G Suite Businesなど上位のプランの利用を検討してください。

◢ ブラウザのJavaScriptとの違い

GASでは、GAS独自の数多くのオブジェクトの他、JavaScriptの標準ビルトインオブジェクトも使用することができます。例えば、文字列を操作するStringオブジェクト、日時データを扱うDateオブジェクトや数学的な定数や関数を提供するMathオブジェクトなどは、GASでも使用することができます。しかし、ブラウザ上で動作するJavaScriptと同じ機能をすべて使えるわけではありません。

GASは、Googleのクラウドサーバー上で動作する**サーバーサイドスクリプト**です。そのため、クライアントサイドJavaScriptではおなじみのWindowオブジェクトやDocumentオブジェクトといったWebAPIは、使えません。これらは、JavaScriptにビルトインされているオブジェクトではなく、JavaScriptが動作するブラウザ側が提供するオブジェクトだからです。

⦿⦿4 学習に当たって

▨ 本書の構成

　本書では、まずGASによるスプレッドシートの操作、そしてスプレッドシートが保存されるドライブの操作を学習した後、それらを組み合わせて、日常業務を自動化するサンプルスクリプトを作成するという流れで学習を進めていきます。Chapter 2以降の本書の構成を掲載しておきます。

Chapter 2 Googleスプレッドシート自動化の基本	➡	GASによるスプレッドシートの基本的な操作を説明します。GASの開発には欠かせないスクリプトエディタの使い方や、Spreadsheetサービスのクラス構成について学んだ後、実際にスプレッドシート、シート、セルと順番にオブジェクトを取得して操作してみます。
Chapter 3 Googleドライブの自動化	➡	ここでは、スプレッドシートが保存されるドライブの操作を説明します。Driveサービスに用意されているメソッドを利用することで、ファイルやフォルダの作成や削除、コピーといった操作を自動化できます。
Chapter 4 Googleスプレッドシート自動化の実践	➡	ここまで学んだスプレッドシートとドライブの操作を組み合わせ、実際の業務の自動化を想定したサンプルスクリプトを解説します。例として、勤怠管理の自動化・請求書作成の自動化という2つのアプリを作成します。また、事前に設定したタイミングでスクリプトを実行する、トリガー機能についても解説します。
Chapter 5 その他Googleアプリの自動化	➡	このChapterでは、スプレッドシート以外のアプリ（Gmail、カレンダー、ドキュメント）をGASから操作する方法を解説します。サンプルスクリプトでは、これらのアプリと、スプレッドシート・ドライブとの連携も行うので、GASの活用範囲を広げるための参考になるでしょう。
Chapter 6 Webアプリを作成する	➡	GASはスクリプトエディタから実行する他に、Webアプリとしてブラウザから実行することも可能です。ここではGASのWebアプリ化の基本について説明し、フォーム画面から入力されたデータをスプレッドシートに登録するサンプルスクリプトを解説します。
Chapter 7 スクリプトをデバッグする	➡	スクリプトの作成にはバグやエラーの発生がつきものです。ここでは、GASのスクリプトエディタに搭載されている、デバッグモードを使ったデバッグの方法を解説します。また、GASの初学者がつまずきがちなエラーとその対処法を解説します。

◢ サンプルスクリプトの使い方

　本書に掲載したサンプルスクリプトは、インプレス社のサイトからダウンロードできます（P.279参照）。ただし、セキュリティの制限でダウンロードしたスクリプトをそのまま実行することができません。ご自身でGoogleドライブ内にスクリプトを作成し、そこにダウンロードしたファイルの内容をコピー＆ペーストしてから実行していただく必要があります。

　コンテナバインドスクリプトの場合は、Chapter 2の「006 コンテナバインドスクリプトを作成する」（P.22）を参考に作成してください。スタンドアロンスクリプトの場合は、Chapter 3の「028　スタンドアロンスクリプトを作成する」（P.95）を参考に作成してください。

　また、いくつかのサンプルではスプレッドシートやPDFなどのファイルを必要とします。それらは「GASサンプルデータ配布用スクリプト.gs」を実行すると用意することができます（P.278参照）。

　加えてフォルダIDの指定が必要となる場合があります（P.104参照）。

◢ 環境について

　本書で説明に使う画面は、Windows 10で実行したものを掲載しています。しかし、本書で説明する範囲に関してはGoogleのクラウド上で動作が完結するため、macOSの場合でも原則操作は変わりません。一部違いがある部分（ショートカットキーなど）については都度説明します。また、実行用のブラウザはGoogle Chrome（バージョン86.0.4240.75/64ビット）を使っています。GoogleアカウントやGoogleが提供する各アプリとの連携が便利であるため、Google Chromeの使用をおすすめします。

　本書掲載のソフトウェアバージョン、URL、画面イメージなどは原稿執筆時点（2020年10月）のものです。

Chapter

2

Googleスプレッドシート
自動化の基本

⊙⊙5 | GASのスクリプトの種類

　GASのスクリプトには、スプレッドシートやドキュメントに紐付いた（バインドされた）**コンテナバインドスクリプト**と、Googleドライブ内に単独で存在する**スタンドアロンスクリプト**の2種類があります。

コンテナバインドスクリプト　　　　　　　　スタンドアロンスクリプト

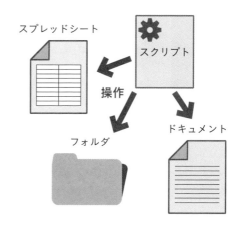

　コンテナバインドスクリプトは、独立したファイルではなく、スプレッドシートやドキュメント内に含まれます。Excel／VBAに親しんでいる方であれば、Excelブック内にVBAプログラム（マクロ）が含まれているのと同じようなものとイメージすればよいでしょう。ただし、Excelでは拡張子が.xlsm（マクロ有効ブック）であるかどうかで、マクロが含まれているか見分けることができますが、スプレッドシートでは、コンテナバインドスクリプトを含んでいるかどうかは、スプレッドシートを開いて、メニューからスクリプトエディタを開く以外に知るすべがないので、管理に注意が必要です。
　これに対してスタンドアロンスクリプトは、スクリプト自体が独立したファイルとして保存されます。

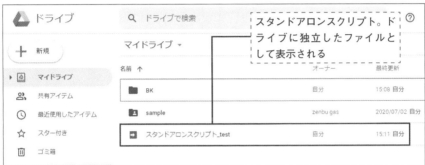

では、この両者はどのように使い分ければよいのでしょうか。基本的には、コンテナバインドスクリプトは、ある特定のスプレッドシートの処理を自動化したい場合に用い、複数のスプレッドシート、あるいはドライブ上のフォルダを操作する場合にはスタンドアロンスクリプトを用いるとよいでしょう。

◤ このChapterで学ぶこと

さて、このChapterでは**コンテナバインドスクリプトによる、単一のスプレッドシートの操作**を解説します。ここで解説する内容は、手動で操作したほうが早いものもあります。しかし、これらはChapter 4以降で紹介する、実践的な自動化に当たっての基礎となる内容です。実業務で役立つ自動化処理は、ここで学んだことの組み合わせによって実現されるのです。ですから、本Chapterの学習に当たっては、ぜひ実際に手を動かしながら動作を確認するようにしてください。そして、Chapter 4以降の学習でつまずいた際には、本Chapter、およびChapter 3の内容を再確認することをおすすめします。

⊙⊙6 | コンテナバインド スクリプトを作成する

それでは早速、最初のコンテナバインドスクリプトを作成してみましょう。

◢ スプレッドシートの作成〜コンテナバインドスクリプトの作成

GASでは**マイドライブがルート、すなわち起点のフォルダとなります。**まずはマイドライブ内にスプレッドシートを新規作成し、コンテナバインドスクリプトを作成してみましょう（マイドライブ以外に作成しても動作は変わりません）。

Googleドライブでマイドライブを表示している状態で、左側の［新規］ボタンから［スプレッドシート］をクリックし、新規スプレッドシートを作成します。

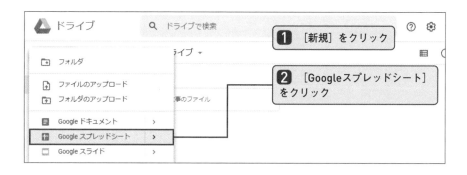

マイドライブ直下に新規スプレッドシートが作成されました。続けて、スプレッドシートのメニューバーから［ツール］をクリックします。

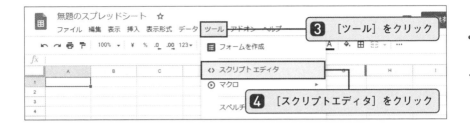

すると、**スクリプトエディタ**と呼ばれる画面が新しいタブで開かれます。

スクリプトエディタは、ブラウザ上でGASのスクリプトを記述し、実行やデバッグができるツールです。左上に「無題のプロジェクト」と表示されています。GASは、**プロジェクト**という単位で複数のファイルをまとめて管理します。新規作成したプロジェクトには、デフォルトで「コード.gs」ファイルが用意されています。この拡張子.gsのファイルがGASのコード（スクリプト）を記述するファイルです。コード.gsには、あらかじめ空の関数myFunctionが定義されています。

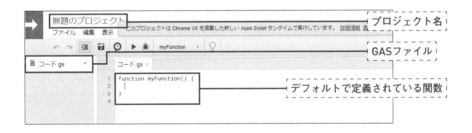

◤ プロジェクトの保存

プロジェクトを新規作成した状態では、まだプロジェクトは保存されていません（スプレッドシートなどのアプリとは異なり、自動保存はされません）。左上に表示されている「無題のプロジェクト」というのは、仮の名前です。プロジェクト名を上書きして保存しましょう。

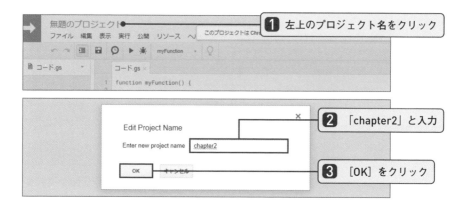

[OK] をクリックすると、プロジェクトが保存されます。

■ スクリプトの作成〜保存

では、最初のGASスクリプトを作成してみましょう。本Chapterのテーマ
である、スプレッドシートの操作はもう少しだけ後回しにして、まずは
「Hello」という文字列をGASのログに出力してみます。デフォルトで定義
されているmyFunction関数のブロックに次のようにコードを追加してくだ
さい。

Logger.log()は、引数に指定した値をログに出力する命令です。

```
function myFunction() {
  Logger.log("Hello");  ────────── コードを追加
}
```

コードを入力すると、コード.gsのタブに赤いアスタリスクが表示されます。
これはファイルが未保存であることを示しています。スクリプトを編集した
際は、実行前にファイルを保存する必要があります。

上部のメニューバーから、ファイルを保存しましょう。

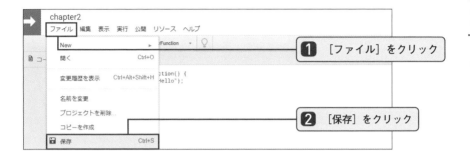

✓ スクリプトの実行

　ファイルを保存したら実行してみましょう。メニューの［実行］-［関数を実行］-［myFunction］をクリックするか、ツールバーで関数を選んで［▶］をクリックします。

　なお、スクリプトエディタでは、正常に実行完了した場合、特にメッセージなどは表示されません。実行結果を確認するため、ログを表示しましょう。

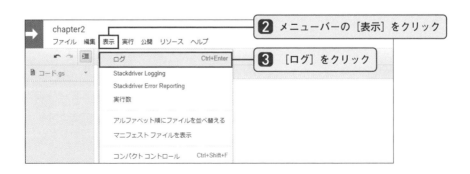

ログが表示されました。「Hello」と出力されていることが確認できれば、最初のスクリプトの作成〜実行は成功です。

◢ Logger.log()について

さて、実行したLogger.log()という命令について説明します。これは、GASに用意されている**Loggerクラス**の**logメソッド**を使用しています。Loggerクラスは、デバッグ用のログ出力に関するメソッドを提供するクラスです。logメソッドは、ログのコンソールに文字列を出力します。引数には文字列や数値のリテラルの他、変数や、関数およびメソッドの呼び出しなどを指定することができます。

Logger.log()は、開発中のデバッグや確認作業に大変有用で、頻繁に利用することになりますので、ここで覚えておきましょう。

console.logやalertは使えない

ログ出力ならば、JavaScriptではおなじみの、console.log()は使えないのかと思うかもしれません。しかし、console.log()はブラウザにより提供されるWeb APIなので、GASでは使えません。また、ポップアップに任意の文字列を出力するalertメソッドも同様の理由で使えません。

ここもポイント | プロジェクト内での関数名の重複に注意

新規にプロジェクト作成時に用意されているコード.gsには、デフォルトでmyFunction関数が定義されています。また、さらに追加でGASファイルを作成すると、同じくデフォルトでmyFunction関数が定義されます。しかし、関数はグローバルな存在（プロジェクト内のどこからでもアクセス可能）であるため、同じプロジェクトの中では、.gsファイルが別でも同名の関数を定義してはいけません。同名の関数を作成して実行した場合も、エラーが表示されることはありませんが、意図しない関数が実行される場合があります。

⊙⊙7 | スクリプトエディタの 使い方

スクリプトエディタの各部名称や、その使い方についてもう少し詳しく解説します。

◢ 画面の説明

ここでは、新規スプレッドシートからスクリプトエディタを開いた際の画面で説明します。また、スタンドアロンスクリプトの場合もスクリプトエディタの画面はまったく同じです。

なお、各部の名称は公式のものではなく、説明の便宜上記載しているものです。

プロジェクト名

左上に「無題のプロジェクト」と、仮のプロジェクト名が表示されています。GASではプロジェクトという単位でスクリプトを管理します。プロジェクトは1つ以上のGASコードファイル（拡張子は.gs）から構成されます。

ファイル

デフォルトで「コード.gs」という名前のGASファイルが作成されています。また、プロジェクトにはGASファイルの他、HTMLファイルやCSSファイル、通常のJavaScriptファイルを含むことができます（HTMLファイルの利用については、Chapter 6 で解説します）。

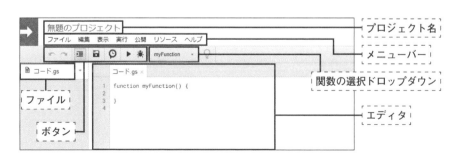

各ファイルに対し、ファイル名の変更や、ファイルの削除、コピーを行うことができます。

　デフォルトのファイル名「コード.gs」からファイル名を変更してみましょう。

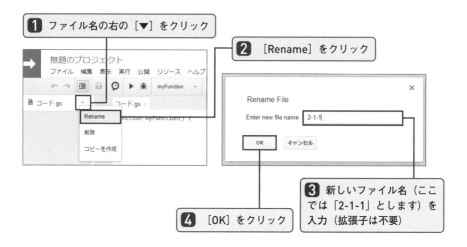

エディタ

　スクリプトを入力する部分です。デフォルトでは「コード.gs」ファイルが開かれています。エディタにはタブ形式で複数のファイルを開いておくことができます。

メニューバー

　各メニューから、ファイルの保存、ログの表示、スクリプトの実行、ヘルプドキュメントの参照などを行うことができます。それぞれのメニューの詳細はこの後の各Chapterで機能を使用する際に説明します。

ボタン

　左から順に、次のボタンがあります。

- **元に戻す、やり直し**
- **インデント**：ボタンが押し込まれている状態では、入力中に自動でインデントが行われます。
- **保存**：エディタでアクティブになっているタブのファイルを保存します。

- **現在のプロジェクトのトリガー**：スクリプトに設定されているトリガーの一覧を表示します。トリガーについてはChapter 4で解説します。
- **実行**：関数の選択リスト（下記参照）で選択されている関数を実行します。
- **デバッグ**：選択されている関数をデバッグモードで実行します。デバッグについてはChapter 7で解説します。

関数の選択ドロップダウン

エディタで選択されているGASファイルのうち、実行する関数を選択します。関数が1つの場合は常にその関数が選択されていますが、関数を複数定義した場合は、実行前に目的の関数を選択する必要があります。

通常のJavaScriptをスクリプトファイルに記述した場合、最初に実行されるべき関数の呼び出しを何らかの形で記述しなければ何も実行されませんが、GASではその代わりに、このリストから関数を選択して実行ボタンをクリックします。

覚えておきたいショートカット

スクリプトエディタにはスクリプトの入力補助など、各種ショートカットが用意されています。

コンテンツアシスト

コンテンツアシストはGASのオブジェクト名やメソッド名の入力を補完します。 Ctrl + Space キー （Macは fn + control + space キー） を押してみましょう。

リストが表示された

カーソルの下にリストが表示されました。 ↑ ↓ キーを押して目的のオブジ

ェクトやメソッドを選び、 Enter キーで決定します。

　また、単語の途中からコンテンツアシストを使用することもできます。例えば「s」と入力して Ctrl + Space キーを押すと、「s」から始まるオブジェクトやメソッドだけが表示されます。さらに、この状態で「p」まで入力すると「sp」から始まるもの（この場合はSpreadsheetAppオブジェクトのみ）に絞り込まれます。

変数名・関数名の入力補完

　コンテンツアシストで表示される入力候補はGASのオブジェクトやメンバーのみです。これに対し、ユーザーが作成した変数名や関数名の入力補完を行うには Alt + / キー（Macは option + / ）を押します。

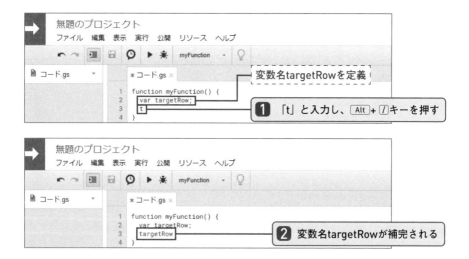

　これらの入力補完はコーディングのスピードをアップさせるだけでなく、スペルミスによるエラーを防ぐ上でも有効ですのでぜひ活用しましょう。

ログの表示

先ほど説明した、ログの表示は Ctrl + Enter キー（Macは fn + command + return キー）で実行できます。頻繁に利用するので、ぜひショートカットを使うようにしましょう。

その他のショートカットキー

その他、覚えておくと作業効率がアップするショートカットキーを掲載します。Macの場合は、Windowsで Ctrl キーに割り当てられているものが command キーと control キーに分散しているので注意してください。

機能	Windows	Mac
現在のファイルを保存する	Ctrl + S	command + S
選択されている関数を実行する	Ctrl + R	command + R
ログを表示する	Ctrl + Enter	fn + command + return
コメントアウトする・コメントを解除する	Ctrl + /	control + /
インデントする	Tab	tab
インデントを整える	Shift + tab	shift + tab

ここもポイント │ Macでコンテンツアシストが効かない場合は

Macでコンテンツアシストのショートカットキーを使うには、macOSで競合しているショートカットキーをオフにする必要があります。[システム環境設定] → [キーボード] → [ショートカット] → [入力ソース] を開き、[前の入力ソースを選択] のチェックマークを外します。
この後、GASのエディタに戻り、 fn + control + space キーを押して、コンテンツアシストが動作することを確認してください。

ここもポイント │ スクリプトとコード

スクリプトエディタを見たときに、「スクリプト」エディタなのに「コード」.gsってどういうことと疑問に思われた方もいるかもしれません。スクリプトとコードはどちらも「プログラミング言語で書かれたもの」を指す用語ですが、スクリプトは1つのファイル全体に対応し、コードはスクリプトの1部分も指します。「文書」と「文」のような関係と考えてください。

⊙⊙8 | Spereadsheetサービスの クラス構成

スクリプトエディタの使い方、スクリプトの実行方法については理解できたでしょうか。ここからは、いよいよGASによるスプレッドシートの操作について解説します。

■ Spereadsheetサービスの各クラス

GASでスプレッドシートを操作するに当たり、まず理解しておくべきはスプレッドシートのクラス構成です。GASにおいて、スプレッドシートを操作するためのクラスを提供するのが、**Spereadsheetサービス**です。そして、そのSpereadsheetサービスの最上位に位置するクラスが**SpreadsheetAppクラス**です。SpreadsheetAppクラスは、ドライブ内でスプレッドシートを作成したり、操作可能にするために開いたりする機能を提供します。

SpreadsheetAppクラスの下位に当たるのが**Spreadsheetクラス**です。個々のスプレッドシートから情報（IDやURL）を取得したり、シートを取得・作成したりする機能を提供します。

Spreadsheetクラスの下位にあるのが**Sheetクラス**です。スプレッドシートの各シートから情報を取得したり、シート内のセル範囲を取得したりする機能を提供します。

Sheetクラスの下位にあるのが**Rangeクラス**です。セル範囲の操作（値の入力や書式の設定）などの機能を提供します。

各クラスとスプレッドシートの画面の対応関係

GASでは基本的な考え方として、SpreadsheetAppクラスのメソッドでSpereadSheetオブジェクトを取得し、SpereadSheetクラスのメソッドでSheetオブジェクトを取得し……といった具合に、上位のオブジェクトから下位のオブジェクトへとたどることで、目的のオブジェクトを取得します。

ここもポイント ｜「スプレッドシート」と「シート」

念の為、スプレッドシートの各要素の名称について説明しておきましょう。Excelで言うところのブックを、スプレッドシートではアプリ名と同じくスプレッドシートと呼びます。スプレッドシートは、Excelのブックと同じく1つ以上のシートで構成されます。スプレッドシートとシート、どちらも「シート」という語がつきますが、混同しないようにしましょう。また、Excelにおけるセルに当たる1つ1つのマス目は、スプレッドシートでも同様にセルと呼びます。

GASの公式リファレンス（https://developers.google.com/apps-script）には、各クラスとそのメンバーの解説が掲載されています。なお、公式リファレンスの詳しい見方については、本Chapterの最後に解説します。

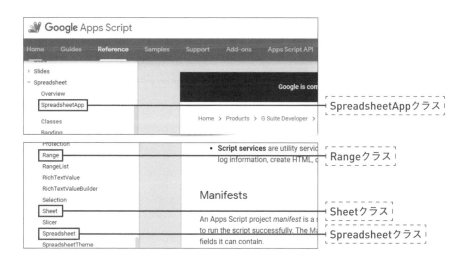

◢ クラスとオブジェクトの関係

さて、先ほどから、クラスやオブジェクトという言葉を使ってきました。本書は、JavaScriptにある程度なじみがある読者を対象としていますが、

JavaScriptには正確に言えばクラスという概念はないこともあり（代わりにプロトタイプという仕組みを使ってクラスの機能を実現しています）、クラスというものや、オブジェクトの関係についてはよくわからないという方もいるかもしれません。

オブジェクトとは

　まず、**オブジェクト**についておさらいしておきましょう。オブジェクトとは**データと機能をまとめたもの**です。次のtanakaオブジェクトは、名前と年齢というデータ、あいさつをするという機能を持っています。

```
01  // tanakaオブジェクト
02  var tanaka = {
03    name: "田中",              プロパティ
04    age: 25,
05    greet: function() {                              メソッド
06      return "こんにちは、私は" + this.name + "です。" + this.age + "歳です。";
07    }
08  }
```

　オブジェクトのデータのことを**プロパティ**と呼び、機能のことを**メソッド**と呼びます。そして、プロパティとメソッドをまとめて、**オブジェクトのメンバー**と呼びます。なお、メソッドとはご覧の通り関数なのですが、オブジェクトのメンバーとしての関数はメソッドと呼びます。

　オブジェクトのメンバーには次のような書式でアクセスすることができます。

プロパティへのアクセス

```
オブジェクト名.プロパティ名()
```

メソッドへのアクセス

```
オブジェクト名.メソッド名()
```

　tanakaオブジェクトのメンバーにアクセスしてみましょう。

```
01  // オブジェクトの定義
02  var tanaka = {
03    name: "田中",
04    age: 25,
```

```
05    greet: function() {
06      return "こんにちは、私は" + this.name + "です"。 + this.age + "歳
です。";
07    }
08  }
09
10  function useClass() {
11    // プロパティへのアクセス                     社員名：田中 年齢：25歳 と出力
12    Logger.log("社員名:" + tanaka.name + " 年齢:" + tanaka.age + "歳");
13    // メソッドへのアクセス
14    Logger.log(tanaka.greet());  ――   こんにちは、私は田中です。25歳です。と出力
15  }
```

クラスとは

　さて、このtanakaオブジェクトと同じようなオブジェクトを多数（例えば全社員分）作らなくてはいけない場合を考えてみましょう。

```
01  // 田中さんのオブジェクト
02  var tanaka = {
03    name: "田中",
04    age: 25,
05    greet: function() {
06      return "こんにちは、私は" + this.name + "です。" + this.age +"歳で
す。";
07    }
08  }
09  // 吉岡さんのオブジェクト
10  var yoshioka = {
11    name: "吉岡",
12    age: 30,
13    greet: function() {
14      return "こんにちは、私は" + this.name + "です。" + this.age +"歳で
す。";
15    }
16  }
    ...
```

　このようなオブジェクトの記述を全員分書くのは大変です。そこで、クラスという仕組みを使います。

　クラスとは、オブジェクトのひな形だと考えてください。今回の例では、次のようなPersonクラスを作成します。

　中身を見てみましょう。**constructor**という特殊なメソッドが定義されています。詳説は割愛しますが、constructorは、クラスの持つプロパティを

初期化するためのメソッドです。ここでは、クラスはオブジェクトと違い、具体的な名前や年齢といったデータをconstructorの引数として外部から受け取り、プロパティに代入しているということに注目してください。greetメソッドについては、書き方は少し違いますが、処理内容はtanakaオブジェクトのものと同じです。

```
01  class Person {
02    constructor(name, age) {
03      this.name = name;
04      this.age = age;
05    }
06    greet() {
07      return "こんにちは、私は" + this.name + "です。" + this.age +"歳です。";
08    }
09  }
```

　このひな形から、個々の人物を作成するわけです。クラスから、個々のオブジェクトを作成するには**インスタンス化**という処理が必要です。オブジェクト指向プログラミングでは、Personというクラス（ひな形）から作り出す、個別の「田中さん」のような個々のオブジェクトのことをインスタンス（実体という意味があります）と呼ぶのです。インスタンス化には**new演算子**というものを使います。次の例では、Personクラスをインスタンス化し、変数tanakaに代入しています。

```
01  class Person {
02    constructor(name, age) {
03      this.name = name;
04      this.age = age;
05    }
06    greet() {
07      return "こんにちは、私は" + this.name + "です。" + this.age +"歳です。";
08    }
09  }
10
11  function useClass () {
12    var tanaka = new Person("田中", 25);  ── Personクラスをインスタンス化
13  }
```

　作成したインスタンスのメンバーには、次の形式でアクセスできます。

インスタンスを代入した変数名.メンバー名

tanakaインスタンスのメンバーにアクセスしてみましょう。

```
01  class Person {
02    constructor(name, age) {
03      this.name = name;
04      this.age = age;
05    }
06    greet() {
07      return "こんにちは、私は" + this.name + "です。" + this.age +"歳で
      す。";
08    }
09  }
10
11  function useClass () {
12    var tanaka = new Person("田中", 25);      ──インスタンスのプロパティにアクセス
13    Logger.log("社員名:" + tanaka.name + " 年齢:" + tanaka.age + "
      歳");
14    Logger.log(tanaka.greet());
15  }                                           ──インスタンスのメソッドにアクセス
```

クラスを使えば、多数のオブジェクト（インスタンス）を作る場合も大幅
に記述が短くて済みます。

```
     ...
11  function useClass () {
12    var tanaka = new Person("田中", 25);
     ...
16    var yoshioka = new Person("吉岡", 30);
     ...
20    var suzuki = new Person("鈴木", 35);
     ...
23  }
```

◪ GASのクラスとオブジェクト

クラスとオブジェクトの関係についてイメージすることができたでしょう
か。それではGASのクラスとオブジェクトの話に戻りましょう。

さて、先ほどは自分で作成したPersonクラスを利用しましたが、GASの
Spereadsheetサービスには、SpreadSheetAppクラスをはじめとするクラスが、
あらかじめ多数用意されています。そして、それらのクラスには、スプレッ
ドシートを操作するためのメンバー（プロパティやメソッド）が所属してい
ます。実例を見てみましょう。次のサンプルは、SpreadsheetAppクラスの

getActiveSpreadsheetメソッドを実行しています。tanakaインスタンス（オブジェクト）のgreetメソッドを実行したのと同じ書き方ですね。

```
01  function myFunction() {
02    var spereadSheet = SpreadsheetApp.getActiveSpreadsheet();
03  }
```
getActiveSpreadsheetメソッドを実行し、戻り値を変数に代入

GASのクラスはnewする必要がない

さて、上記のスクリプトを見て何かが足りないと思われた方もいるでしょう。SpreadsheetAppクラスのメソッドを使用する前に、new演算子によるインスタンス化を行っていません。実はGASで用意されているクラスは、new演算子を使ってインスタンス化しなくても、オブジェクトがすでに存在しているのです。従って、次のようなスクリプトは誤りであり、エラーとなります。

```
01  // 誤ったGASオブジェクトの使い方
02  function myFunction() {
03    var spereadSheetApp = new SpreadsheetApp();
04    spereadSheetApp.getActiveSpreadsheet();
05  }
```
new演算子によるインスタンス化は不要

▨ メソッドの戻り値を意識する

GASのメソッドの多くは、戻り値を持っています。例えば、getActiveSpreadsheetメソッドは、現在のスプレッドシートを表すSpreadsheetクラスのオブジェクトを取得し、戻り値として返します。

spreadsheetオブジェクト（クラス）を取得すると、それに属するメソッドを実行することができます。ここではgetActiveSheetメソッドを実行します。getActiveSheetメソッドは現在選択中のシートを表すSheetクラスのオブジェクトを取得し、戻り値として返すメソッドです。

```
01  function myFunction() {
02    var spereadSheet = SpreadsheetApp.getActiveSpreadsheet();
03    var sheet = spereadSheet.getActiveSheet();
04  }
```
getActiveSheetメソッドを実行し、戻り値を変数に代入

さらに、Sheetオブジェクト（クラス）に属するgetRangeメソッドを実行します。

```
01  function myFunction() {
02    var spereadSheet = SpreadsheetApp.getActiveSpreadsheet();
03    var sheet = spereadSheet.getActiveSheet();
04    var cell = sheet.getRange("A1"); ─────
05  }
                    getRangeメソッドを実行し、戻り値を変数に代入
```

getRangeメソッドは、引数に指定したセル番地（ここではA1）を表すrangeクラスのオブジェクトを取得し、戻り値として返すメソッドです。このようにSpreadsheetAppクラスから階層を順番にたどり、1つのセルを取得することができました。

本Chapterではこれから、スプレッドシートを操作する各クラスのさまざまなメソッドを紹介します。その学習に当たっては、上で見たように、**メソッドがどのクラスに属しているか、またそのメソッドの戻り値はどのクラスのオブジェクトであるかを意識する**と、習得が早まるでしょう。

○○9 | 操作対象のスプレッドシート を取得する

　GASでスプレッドシートを操作するには、まず対象のスプレッドシートを取得する必要があります。ここでは、スプレッドシートを取得し、その名前をログ出力して確認してみましょう。

■ アクティブなスプレッドシートを取得する

　スプレッドシートの取得には**SpreadsheetAppクラス**のメソッドを使用します。SpreadsheetAppクラスの**getActiveSpreadsheetメソッド**は**アクティブなスプレッドシート**を取得します。アクティブなスプレッドシートとは、このスクリプトに紐付いているスプレッドシートです。従って、getActiveSpreadsheetメソッドはコンテナバインドスクリプトでのみ使うことができます。

```
SpreadsheetApp.getActiveSpreadsheet()
```

　getActiveSpreadsheetメソッドの戻り値は、SpreadSheetオブジェクトです。

では、そのSpreadSheetオブジェクトからスプレッドシートの名前を取得して、目的のスプレッドシートが取得されていることを確認してみましょう。

Spreadsheetクラスの**getNameメソッド**は、スプレッドシートの名前を取得し、String型のデータとして返します。

```
Spreadsheetオブジェクト.getName()
```

それではサンプルスクリプトを見てみましょう。

getActiveSpreadsheetSample.gs
```
01  function getActiveSpreadsheetSample() {
02    var spreadsheet = SpreadsheetApp.getActiveSpreadsheet();
03    Logger.log(spreadsheet.getName());
04  }
```

このサンプルスクリプトを入力したら、実行して結果を確認しましょう。スクリプトエディタの実行ボタンをクリック、または Ctrl + R キー（Macの場合は command + R ）を押してください。すると、スプレッドシートに対しGASがアクセスすることの許可を求める、次のようなダイアログが表示されます。[許可を確認] をクリックします。続けてダイアログが表示されるので、以降も手順に従って進めてください。

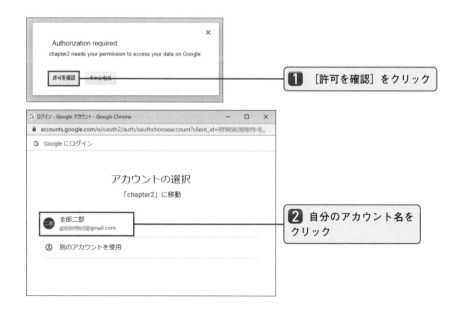

途中で「このアプリは確認されていません」「安全ではないページ」と表示されます。これは不正なスクリプトが実行されないようにするための警告ですが、今回のように自分、あるいは社内のメンバーなど、信頼できる人が作成したスクリプトの場合は問題ありません。

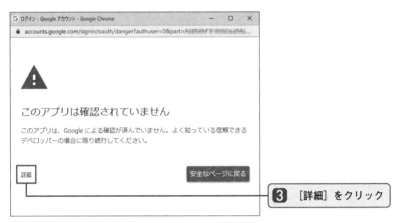

3 [詳細]をクリック

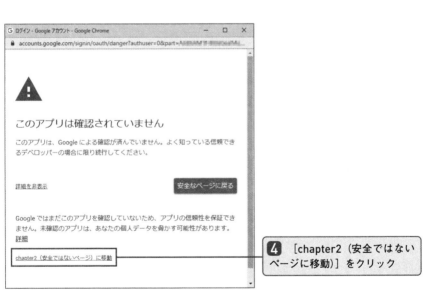

4 [chapter2（安全ではないページに移動）]をクリック

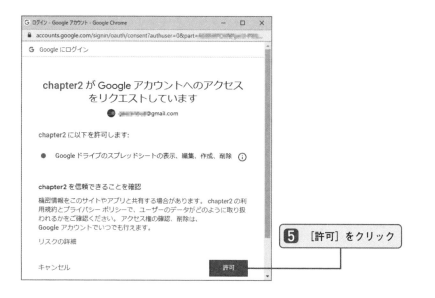

[許可] をクリックすると、スクリプトが実行されます。スクリプトエディタのメニューバーの [表示] から [ログ] をクリックするか、Ctrl + Enter キー（Macの場合は fn + command + return ）を押して、ログを表示して確認してみましょう。スプレッドシートの名前が表示されるはずです。

なお、このアクセスの許可は、対象のスプレッドシートに対して、初めてスクリプトを実行する際のみ要求される手順です。2回目以降の実行時には求められません。

ここもポイント │ アクセスの許可はスプレッドシート単位

スプレッドシートへのアクセス許可が必要なのはアカウントごとではなく、スプレッドシートごとです。別のスプレッドシートでスクリプトを初回実行する際には改めて許可の手順が必要です。

☑ 他のスプレッドシートを取得する方法

この Chapter では、基本的にスクリプトに紐付いているスプレッドシートに対する操作を解説しますが、場合によっては他のスプレッドシートの操作も必要になる場合があります。そのような時はどうすればよいのでしょうか。方法はいくつかあります。

SpreadsheetAppクラスの**openByIDメソッド**を使用すると、IDで指定したスプレッドシートを取得できます。IDとは、ドライブ上でファイルやフォルダを一意に特定するための値で、スプレッドシートやドキュメントなどのGoogle Appsのファイルやドライブ上のフォルダには必ずIDが付与されています。

```
SpreadsheetApp.openByID(スプレッドシートのID)
```

　IDはファイルやフォルダのURLに含まれています。スプレッドシートの場合は、次に示した＜ID＞の部分がIDです。

IDの確認方法
```
https://docs.google.com/spreadsheets/d/<ID>/
edit#gid=00000
```

　また、**openByUrlメソッド**を使用すると、URLで指定してスプレッドシートを取得することもできます。

```
SpreadsheetApp.openByUrl(スプレッドシートのURL)
```

サンプルスクリプトを見てみましょう。

openSpreadsheetSample.gs
```
01  function openSpreadsheetSample() {
02    var spreadsheet = SpreadsheetApp.openById("XXXXXXXXXX");   ← idによる取得
03    Logger.log(spreadsheet.getName());
04
05    spreadsheet = SpreadsheetApp.openByUrl("https://docs.google.
      com/spreadsheets/d/XXXXXXXXXX/edit#gid=00000");   ← URLによる取得
06    Logger.log(spreadsheet.getName());
07  }
```

　覚えておきたいのは、ドライブでは**IDとURLはファイルやフォルダを移動しても不変である**という点です。名前を変更した場合も同様です。このため、スクリプトを作成した後に操作対象となるファイルの場所やフォルダ構成を変更しても、スクリプトに記述したID、URLを修正する必要はありません。

·010· 操作対象のシートを 取得する

　スプレッドシートを取得したら、さらに操作対象のシートを取得してみましょう。

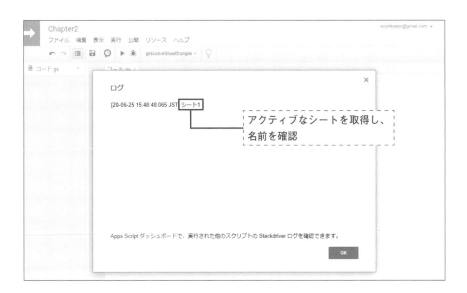

◢ アクティブなシートを取得する

　シートを操作する場合、P.32で説明したように、原則としてはSpreadsheetAppオブジェクト→SpreadSheetオブジェクト→Sheetオブジェクトという順でオブジェクトをたどり、対象のシートを取得します。ただし、**スプレッドシートに存在するシートが1つだけの場合に限っては**、SpreadsheetAppクラスの**getActiveSheetメソッド**でシートを直接取得することができます。

```
SpreadsheetApp.getActiveSheet()
```

　getActiveSheetメソッドはその名の通り、アクティブなシートを取得するメソッドで、戻り値はSheetオブジェクトです。シートが1つだけの場合はgetActiveSheetメソッドを使うとよいでしょう。

シートを取得したら、**Sheetクラス**の**getNameメソッド**でシート名を取得し、ログ出力して確認します。

それではサンプルスクリプトを見てみましょう。

getActiveSheetSample.gs

```
01  function getActiveSheetSample() {
02      var sheet = SpreadsheetApp.getActiveSheet();  ← アクティブなシートを取得
03      Logger.log(sheet.getName());  ← シート名を取得してログに表示
04  }
```

複数シートが存在する場合に目的のシートを取得する

一方、スプレッドシートに複数のシートが存在する場合には、GASがどのシートをアクティブとみなすかの保証はありません。従って、シートを指定して取得する必要があります。

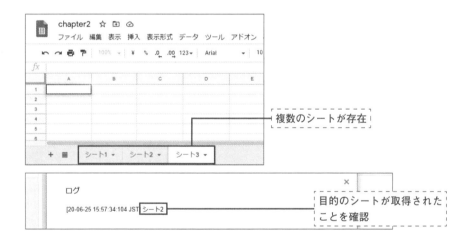

シート名で指定する

指定したシートを取得するには2つ方法があります。まずシート名で指定する方法です。

Spreadsheetクラスの**getSheetByNameメソッド**は、シート名でシートを指定して取得します。

```
Spreadsheetオブジェクト.getSheetByName(シート名)
```

それではサンプルスクリプトを見てみましょう。

getSheetByNameSample.gs
```
01  function getSheetByNameSample() {
02    var spreadsheet = SpreadsheetApp.getActiveSpreadsheet();
03    var sheet = spreadsheet.getSheetByName("シート2");
04    Logger.log(sheet.getName());       ──── "シート2"と出力される
05  }
```

② 配列のインデックスで指定する

　もう1つは、すべてのシートを取得する**getSheetsメソッド**を使った方法です。getSheetsメソッドの戻り値は、Sheetオブジェクトの配列です。1番左のシートをインデックス0に、以降も順番にすべてのシートのオブジェクトを配列に格納します。

```
Spreadsheetオブジェクト.getSheets()
```

　いったんすべてのシートを取得した後、目的のシートをインデックスで指定して取得するわけです。
　それではサンプルスクリプトを見てみましょう。

getSheetsSample.gs
```
01  function getSheetsSample() {
02    var spreadsheet = SpreadsheetApp.getActiveSpreadsheet();
03    var sheets = spreadsheet.getSheets();  ── シートを配列として取得
04    Logger.log(sheets[0].getName()); ── 1番左のシートを指定してシート名を取得
05    Logger.log(sheets[1].getName()); ┐
06  }                    左から2番目のシートを指定してシート名を取得
```

　この方法のメリットは、将来的にシート名を変更した場合でも、動作に影響がないことです。また、すべてのシートに対して一気に同じ操作を行いたい場合に、繰り返し処理と組み合わせて使うこともできます。
　一方、気を付けたいのは、シートの順番に変更が生じると、配列に格納される順番も変わってしまうという点です。

⊙11 | シートをコピーする

　スプレッドシートから目的のシートを取得することができました。取得したシートに対し、Sheetクラスで提供されるメソッドを使うことで、さまざまな操作をすることができます。

■ シートのコピーを行う方法

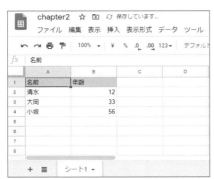

シートをコピーし、任意の名前を設定

　Sheetクラスの**copyToメソッド**は、対象のシートをコピーします。引数にはコピー先のSpreadSheetオブジェクトを指定します。

```
Sheetオブジェクト.copyTo(コピー先のSpereadsheetオブジェクト)
```

　さて、copyToメソッドでコピーしたシートは、「（元シート名）のコピー」という名前になりますが、多くの場合は任意の名前に変更したいでしょう。シート名を変更するにはSheetクラスの**setNameメソッド**を使います。

```
Sheetオブジェクト.setName(シート名)
```

　それでは、シートをコピーし、名前を変更するサンプルスクリプトを見てみましょう。

copySheetSample.gs

```
01   function copySheetSample() {
02     var spreadsheet = SpreadsheetApp.getActiveSpreadsheet();
03     var sheet = SpreadsheetApp.getActiveSheet();
04
05     var newSheet = sheet.copyTo(spreadsheet);
06     newSheet.setName("シート1-2");
07   }
```

アクティブなスプレッドシートを取得
アクティブなシートを取得
シートをコピー
シート名を「シート1-2」に変更

アクティブなスプレッドシートからシートを取得し、変数spreadsheetに代入、copyToメソッドの引数に指定することで、コピー元と同じスプレッドシートにシートをコピーしています。

📄 他のスプレッドシートにシートをコピーする

コピー元とは別のスプレッドシートにシートをコピーしたいというケースも多いでしょう。その方法を紹介します。

次のサンプルスクリプトを見てください。まず、コピー先のスプレッドシートを取得します。P.44で学んだSpreadsheetAppクラスのopenByIdメソッドを使い、IDで指定したスプレッドシートを取得して変数anotherSpreadsheetに代入します。そしてその変数anotherSpreadsheetを引数にcopyToメソッドを実行します。

copySheetSample2.gs

```
01   function copySheetSample2() {
02     var sheet = SpreadsheetApp.getActiveSheet();
03
04     var anotherSpreadsheet = SpreadsheetApp.
       openById("XXXXXXXXXX");
05     var newSheet = sheet.copyTo(anotherSpreadsheet);
06     newSheet.setName("シート1-2");
07   }
```

アクティブなスプレッドシートを取得
コピー先のスプレッドシートを取得
シート名を「シート1-2」に変更
コピー先のスプレッドシートを引数にcopyToメソッドを実行

012 | シートをクリアする

　続いて、シートの内容をクリア（消去）する方法を学びます。シートのクリアにはいくつかのパターンとそれに応じたメソッドがあります。

☑ すべてクリアする

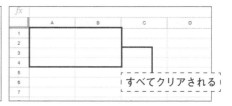

　シートの内容をすべてクリアするにはSheetクラスの**clear**メソッドを使います。セルの値や数式の他、フォントなどの書式、および罫線、列幅などもすべてクリアされます。

```
Sheetオブジェクト.clear()
```

☑ 値や数式のみをクリアする

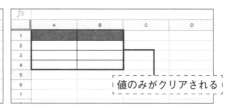

　値や数式のみをクリアするには**clearContents**メソッドを使います。書式や罫線、列幅などは維持されます。

```
Sheetオブジェクト.clearContents()
```

✓ 書式だけをクリアする

書式のみがクリアされる

書式や罫線だけをクリアするには**clearFormatsメソッド**を使います。値や数式は残ります。

```
Sheetオブジェクト.clearFormats()
```

次のサンプルスクリプトでは、3種類のクリア方法をそれぞれ3つの関数にしています。スクリプトエディタのメニューの [実行] - [関数を実行] から実行する関数を選んで、結果の違いを確認してください。

clearSample.gs

```
01  function clearSample() {
02    var sheet = SpreadsheetApp.getActiveSheet();
03    sheet.clear();                         すべてクリア
04  }
05
06  function clearContentsSample() {
07    var sheet = SpreadsheetApp.getActiveSheet();
08    sheet.clearContents();                 値・数式のみクリア
09  }
10
11  function clearFormatsSample() {
12    var sheet = SpreadsheetApp.getActiveSheet();
13    sheet.clearFormats();                  書式のみクリア
14  }
```

013 | 1つのセルを取得する

シート取得と操作の基本については理解できたでしょうか。次はシート内のセルの操作をしましょう。セルを操作するためには、まず対象のセルを取得する必要があります。ここでは、シートから1つのセルを取得する方法を学びましょう。取得するセルの指定方法には2つの方法があります。

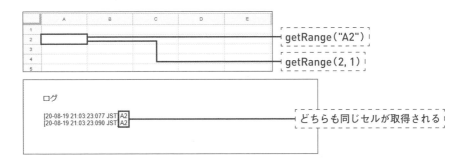

単一のセルを指定して取得する方法

セル範囲の取得の基本は、Sheetクラスの**getRangeメソッド**による取得です。getRangeメソッドは指定したセルのRangeオブジェクトを返します。

それではまずはシート上の単一のセルを取得してみましょう。getRangeメソッドの引数の指定には2つの形式があります。

まずは"A1"のような表記（a1Notaitonと呼ばれます）でセル番地を指定する形式です。

```
Sheetオブジェクト.getRange("A1形式")
```

次に、数値でセル番地を指定する方法です。例えば1, 1は1行目の1列目、つまりA1セルを表し、1, 2ならば1行目の2列目、つまりB1セルを表すというわけです。

```
Sheetオブジェクト.getRange(行番号, 列番号)
```

　アドレスを表記する形式は、どのセルを指しているのか一目でわかりやすい利点があります。しかし、**数値で指定する方法は、数値を直接書く他、変数で指定することができる点が大きなメリットです**。この方法は、Chapter 4以降の応用的なサンプルスクリプトでも活用します。

　それではサンプルスクリプトを見てみましょう。

getRangeSample.gs
```
01  function getRangeSample() {
02    var range = SpreadsheetApp.getActiveSheet().getRange("A2");    引数はString型で指定する
03    Logger.log(range.getA1Notation());
04
05    range = SpreadsheetApp.getActiveSheet().getRange(2, 1);
06    Logger.log(range.getA1Notation());    引数はIntegerであることに注意
07  }
```

　次のサンプルでは、行番号と列番号を変数に入れて取得しています。

getRangeSample2.gs
```
01  function getRangeSample2() {
02    var row = 2;          変数rowに行番号を代入
03    var column = 1;       変数columnに列番号を代入
04    range = SpreadsheetApp.getActiveSheet().getRange(row,
      column);          変数row、columnを引数に指定
05    Logger.log(range.getA1Notation());
06  }
```

ここもポイント ｜ getA1Notationメソッドについて

上記のサンプルでは、getRangeメソッドの実行結果の確認のためRangeクラスのgetA1Notationメソッドを使っています。

```
Rangeオブジェクト.getA1Notation()
```

getA1Notationは、単一セルおよびセル範囲の番地をA1形式（a1Notaiton）の文字列で返すメソッドです。

⊙14 | 連続した複数のセルを まとめて取得する

続いて、**セル範囲**、すなわち連続した複数のセルを取得する方法を学びましょう。

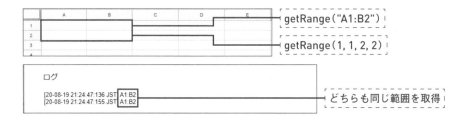

■ セル範囲を取得するには

セル範囲の取得も単一のセルの取得と同様にgetRangeメソッドを使います。まずはA1形式でセル範囲のアドレスを指定して取得する方法です。例えば、"A1:B4"のような形です。

```
sheet.getRange("A1形式:A1形式")
```

次に行番号、列番号、行数、列数でセル範囲を指定する方法です。

```
sheet.getRange(行番号, 列番号, 行数, 列数)
```

取得するセル範囲の基準（左上端）となるセルの行番号、列番号に加え、そこからのセル範囲を行数、列数を指定します。例えば1, 1, 2, 3と指定するとA1セルから行方向に2行、列方向に3列のセル範囲を取得します。

慣れないうちは取得される範囲をイメージしにくいかもしれませんが、次の図を参考に感覚をつかんでください。

```
sheet.getRange(1, 1, 2, 3)
```

1行目・1列目のセル（＝A1セル）から2行、3列のセル範囲を取得

それではサンプルスクリプトを見てみましょう。

getRangeSample3.gs

```
01  function getRangeSample3() {
02    var range = SpreadsheetApp.getActiveSheet().
      getRange("A1:B2");
03    Logger.log(range.getA1Notation());    ── A1:B2と出力される
04
05    range = SpreadsheetApp.getActiveSheet().getRange(1,
      1, 2, 2);
06    Logger.log(range.getA1Notation());  ── 同じくA1:B2と出力される
07  }
```

☑ 行全体、列全体を取得する

また、行全体、列全体を取得したい場合もあるでしょう。

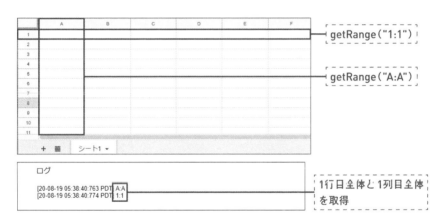

この場合は次のように指定します。

getRangeSample4

```
                                          ── A列全体を取得
      ...
02    var range = SpreadsheetApp.getActiveSheet().getRange("A:A");
03    Logger.log(range.getA1Notation());
04
05    range = SpreadsheetApp.getActiveSheet().getRange("1:1");
06    Logger.log(range.getA1Notation());   ── 1行目全体を取得
      ...
```

⊙15 データが入力された範囲を自動的に取得する

　取得すべきセル範囲があらかじめわかっているなら、セル番地や列番号などを指定する方法で問題ありません。しかし、シートに後々データが追加され、取得すべきセル範囲が変わることはよくあります。

☑ セル範囲を自動で判別して取得する方法

　このような場合に使えるのが**getDataRangeメソッド**です。
　getDataRangeメソッドはシートにデータが存在する範囲を自動的に判別してセル範囲を取得します。

```
Sheetオブジェクト.getDataRange()
```

　次のようなデータがあるとします。

	A	B	C	D	E
1	名前	年齢			
2	清水	12			
3	大岡	33			
4	小坂	56			
5					

　次のサンプルスクリプトを実行すると、次のようにログ出力されます。データが存在するA1セルからB4セルまでのセル範囲が、自動的に判別されて取得されたことが確認できます。

```
[20-08-05 18:22:27:739 JST] A1:B4
```

getDataRangeSample.gs

```
01  function getDataRangeSample() {
02    var sheet = SpreadsheetApp.getActiveSheet();
03    var range = sheet.getDataRange();  ── データがある範囲を自動判定して取得
04    Logger.log(range.getA1Notation());
05  }
```

なお、1行目や1列目を空白行、空白列としていると、そこも含めたセル範囲が取得されてしまうことに注意しましょう。

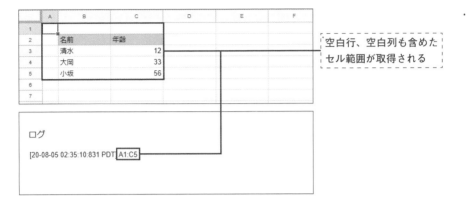

空白セルを含んだセル範囲を取得し、そこから値を取り出すと、空白部分も空文字として取得されてしまいます。

GASで操作することを前提としたスプレッドシートでは、**GASで取得しやすいよう、余分な空白セルは作らない**ようにしましょう。

☑ 最終行・最終列を自動で判別して取得する方法

データの増減に対応したセル範囲を取得するもう1つの手段として、データの存在する最終行および最終列を取得する**getLastRowメソッド**、**getLastColumnメソッド**を、getRangeメソッドと組み合わせて使うことができます。

getLastRowメソッドは、指定したシートにデータが存在する最終行を数値として返します。

```
Sheetオブジェクト.getLastRow()
```

getLastColumnメソッドは、指定したシートにデータが存在する最終列を数値として返します。

```
Sheetオブジェクト.getLastColumn()
```

例えば次のようなシートで、取得したいセル範囲は、常に2列目までで、かつ行方向にデータが増えていくとします。この場合、getDataRangeメソ

ッドではデータの増加には対応できるものの、不要な3列目も取得してしまうという問題があります。

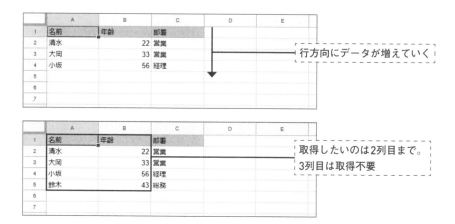

この場合、getRangeメソッドの第3引数をgetLastRowメソッドで指定することにより対応できます。

それではサンプルスクリプトを見てみましょう。

getRangeSample5.gs

```
01  function getRangeSample5() {
02    var sheet = SpreadsheetApp.getActiveSheet();
03    var range = sheet.getRange(1, 1, sheet.getLastRow(), 2);
04    Logger.log(range.getA1Notation());
05  }
```

列数は2列目までで固定、行数は増減に対応

3行目で実行しているgetRangeメソッドの第3引数（行数）に指定しているgetLastRowメソッドは、データが4行なら4を、5行なら5を返します。

つまり、上の例ならば次のように書くのと同じことになります。

```
var range = sheet.getRange(1, 1, 4, 2);
```

```
var range = sheet.getRange(1, 1, 5, 2);
```

この方法を使えば、より柔軟にセル範囲を指定したいニーズに対応できます。

◎16 | 1つのセルの値を取得／入力する

さて、目的のセル範囲を取得できたら、いよいよそのセルに対して操作を行ってみましょう。

ここではまず単一のセルから値を取得、および入力するを方法を学びましょう。

☑ 1つのセルから値を取得する方法

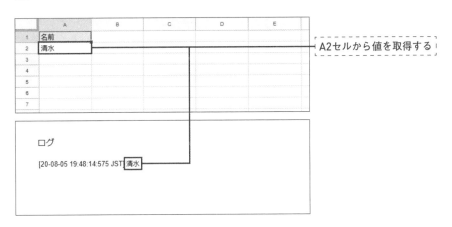

RangeクラスのgetValueメソッドは、1つのセルの値を取得して返すメソッドです。戻り値の型はセルに入力されている値に応じて変わります。

```
Rangeオブジェクト.getValue()
```

次のサンプルスクリプトではA2セルの値を取得して表示します。

getValueSample.gs
```
01  function getValueSample() {
02    var sheet = SpreadsheetApp.getActiveSheet();
03    var range = sheet.getRange("A2")      A2セルを取得
04    Logger.log(range.getValue());         A2セルの値を取得してログ出力
05  }
```

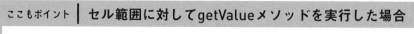

ここもポイント │ セル範囲に対してgetValueメソッドを実行した場合

Rangeオブジェクトが1つのセルでなくセル範囲の場合、getValueメソッドはセル範囲の左上端セルの値を取得します。

	A	B	C	D	E
1	名前	部署			
2	清水	営業			
3	吉岡	経理			
4					
5					
6					
7					

上のデータに対して、次のスクリプトを実行してみます。

```
...
  var range = sheet.getRange("A2:B3");      ——  セル範囲A2:B3を取得
  Logger.log(range.getValue());             ——  値を取得してログ出力
...
```

ログ出力を確認すると、A2セルの値「清水」が出力されています。

```
ログ

[20-08-06 13:18:10:350 JST] 清水
```

◢ 1つのセルに値を入力する方法

	A	B	C
1	名前		
2			
3			
4			
5			
6			
7			

	A	B	C
1	名前		
2	清水	100	
3			
4			
5			
6			
7			

B2セルに「100」と入力

A2セルに「清水」と入力

Rangeクラスの**setValueメソッド**は、Rangeオブジェクトの1つのセルに対し、引数で指定した値を入力するメソッドです。引数に指定できる値の型はnumeric（数値）型、string型、boolean型、date型です。

```
Rangeオブジェクト.setValue(値)
```

サンプルスクリプトを見てみましょう。

setValueSample.gs

```
01  function setValueSample() {
02    var sheet = SpreadsheetApp.getActiveSheet();
03    var range = sheet.getRange("A2");          ──── A2セルを取得
04    range.setValue("清水");                    ──── A2セルに文字列"清水"を入力
05    sheet.getRange("B2").setValue(100);        ──── B2セルに数値100を入力
06  }
```

また、セルに**数式**を入力することもできます。

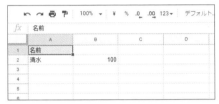

数式を入力

setValueメソッドでセルに数式を入力するには、引数に、セルに直接入力するのと同様に数式を書き、" "（または' '）で囲みます。

それではサンプルスクリプトを見てみましょう。

setValueSample2.gs

```
01  function setValueSample2() {
02    var sheet = SpreadsheetApp.getActiveSheet();
03    var range = sheet.getRange("A2");               ──── A2セルを取得
04    range.setValue("清水");                         ──── A2セルに文字列"清水"を入力
05    sheet.getRange("B2").setValue(100);             ──── B2セルに数値100を入力
06    sheet.getRange("C2").setValue("=B2+50");        ──── C2セルに数式"=B2+50"を入力
07  }
```

017 | セル範囲の値を 取得／入力する

単一セルに対する値の取得ができました。次はセル範囲に対する値の取得・入力を行ってみましょう。次のような表を例にセル範囲に対する操作を学んでいきましょう。

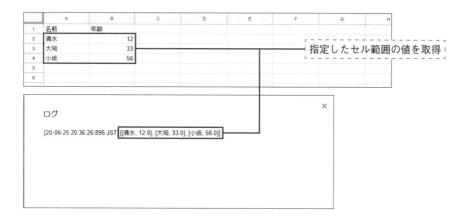

セル範囲の値を取得する

Rangeクラスの**getValuesメソッド**は、セル範囲のRangeオブジェクトから、各セルに入力されている値を取得します。

```
Rangeオブジェクト.getValues()
```

それではサンプルスクリプトを見てみましょう。

getValuesSample.gs

```
01  function getValuesSample() {
02    var sheet = SpreadsheetApp.getActiveSheet();
03    range = sheet.getRange("A2:B4");          A2:B4のセル範囲の値を取得
04    Logger.log(range.getValues());
05  }
```

ポイントは、getValuesメソッドでは、**セル範囲の値は2次元配列として取**

得されるということです。サンプルスクリプトではA2:B4のセル範囲の値を取得しています。データが次のようである場合の例を見てみましょう。

	A	B	C	D	E	F
1	名前	年齢				
2	清水	12				
3	大岡	33				
4	小坂	56				
5						

```
// 取得される2次元配列
[
    [清水, 12.0],
    [大岡, 33.0],
    [小坂, 56.0]
]
```

シートの1行が内側の配列1つ分に対応しています。この場合は3行なので、3つの配列が外側の配列にまとめて格納されています。なお、取得したセル範囲に空白のセルが含まれる場合、対応する配列要素は空文字になります。

☑ 取得した値から見出し行を削除する

先ほどの例は、getRange("A2:B4").getValues()といったように、固定値で指定したセル範囲から値を取得しました。しかし、データ範囲を自動判別するgetDataRangeメソッドで取得したセル範囲から値を取得したい場合もあります。

先ほどのデータに対して、これを実行すると、当然ながらgetDataRangeメソッドは、1行目からセル範囲を取得するので、getValuesメソッドで取得する値には、見出し行である1行目のデータが含まれます。

見出し行のデータを除いてデータを取得したい場合は、JavaScriptの標準メソッドであるshiftメソッドを使います。shiftメソッドは、配列から先頭の要素を取り除きます。戻り値は取り除いた要素です。

```
配列オブジェクト.shift()
```

それではサンプルスクリプトを見てみましょう。対象データは先ほどと同じものとします。

getValuesSample2.gs

```
01  function getValuesSample2() {
02    var sheet = SpreadsheetApp.getActiveSheet();
03    var range = sheet.getDataRange();  ── 自動判別したセル範囲の値を取得
04    var values = range.getValues();
05    values.shift();
06    Logger.log(values);
07  }
```

　結果は次のようになります。見出し行が除かれた値が取得されています。実業務で使うスプレッドシートでも、表の1行目が見出しというケースは多いでしょうから、このテクニックもぜひ覚えておきましょう。

```
ログ
[20-08-06 19:14:00:453 JST] [[清水, 12.0], [大岡, 33.0], [小坂, 56.0]]
```

　注意すべきなのは、shiftメソッドの戻り値は配列から**取り除いた要素**だということです。そのため次のような形にすると、本来取り除くべき値（見出し行のデータ）を取得してしまいます。

getValuesSample3.gs

```
01  function getValuesSample3() {
02    var sheet = SpreadsheetApp.getActiveSheet();
03    var range = sheet.getDataRange();  ── 自動判別したセル範囲の値を取得
04    var values = range.getValues().shift();  ──
05    Logger.log(values);  ── shiftメソッドの戻り値を変数valuesに代入している
06  }
                                    [名前, 年齢]と出力される
```

☑ セル範囲に値を入力する

　次はセル範囲に対し、値を入力する方法です。
　Rangeクラスの**setValuesメソッド**は、セル範囲に対し引数で指定した値を入力します。

Rangeオブジェクト.setValues(2次元配列)

　先ほどのgetValuesメソッドでは、セル範囲の値を2次元配列として取得しました。同様に、setValuesメソッドで指定する値も2次元配列とする必要があります。

　このように、GASではセル範囲の値を格納した2次元配列を操作する機会が多いので、その扱いに慣れていきましょう。サンプルスクリプトを見てみましょう。

setValuesSample.gs

```
01  function setValuesSample() {
02    var sheet = SpreadsheetApp.getActiveSheet();
03    var values = [
04      ["高田", 34] , ["枝野", 45], ["吉岡", 23]
05    ];
06    sheet.getRange("A2:B4").setValues(values);
07  }
```

セル範囲に入力する値を
2次元配列として準備

セル範囲A2:B4に値を入力

018 | 表に罫線を引く

　Rangeクラスにはセルの値を操作する他、セルに装飾を加えたり書式を変更したりするメソッドも用意されています。まず表に罫線を引いてみましょう。次のように格子状に罫線を引く方法を説明します。

	A	B	C	D
1	名前	年齢		
2	清水	12		
3	大岡	33		
4	小坂	56		
5				

	A	B	C	D
1	名前	年齢		
2	清水	12		
3	大岡	33		
4	小坂	56		
5				

格子状に罫線を引く

■ セルに罫線を引く方法

　Rangeクラスの**setBorderメソッド**を使います。

```
Rangeオブジェクト.setBorder(上, 左, 下, 右, 垂直, 水平)
```

　setBorderメソッドの各引数にはtrueかfalseまたはnullで、セル範囲の各箇所の罫線を設定します。trueを指定した箇所には罫線が引かれ、falseを指定した箇所は削除されます。nullを指定した箇所は変更しません。実行例を示します。

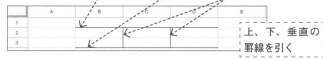

```
                                      上, 左, 下, 右, 垂直, 水平
sheet.getRange("B2:D3").setBorder(true, null, true, null, true, null);
```

上、下、垂直の罫線を引く

　この状態の罫線に対し、さらに次にような引数でsetBorderメソッドを実行した例です。第5引数（垂直）のみfalseとし、他はnullなので、垂直（内側）の罫線が削除されます。

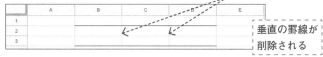

```
                                      上, 左, 下, 右, 垂直, 水平
sheet.getRange("B2:D3").setBorder(null, null, null, null, false, null);
```

垂直の罫線が削除される

☑ 外側の罫線を引く

	A	B	C	D
1	名前	年齢		
2	清水	12		
3	大岡	33		
4	小坂	56		
5				

→ 外側の枠線だけを引く

それでは、表に罫線を引くサンプルスクリプトを見てみましょう。まず、表の外側の枠線だけを引いてみます。

setBorderSample.gs

```
01  function setBorderSample() {
02    var sheet = SpreadsheetApp.getActiveSheet();
03    range = sheet.getDataRange();
04
05    range.setBorder(true, true, true, true, null, null);
06  }
```
外側の枠線だけ引く
上　左　下　右　垂直　水平

☑ 内側に線を引く

	A	B	C	D
1	名前	年齢		
2	清水	12		
3	大岡	33		
4	小坂	56		
5				

→ 内側の縦横線を引く

続けて、表の内側に縦横に線を引くコードを追加して実行してみましょう。外側の枠線は変更しないようにnullを指定します。なお、setBorderメソッドの動きをわかりやすくするために、あえて2回に分けて実行しましたが、もちろん一度にすべての罫線を引いても構いません。

setBorderSample.gs（続き）

```
01  function setBorderSample() {
02    var sheet = SpreadsheetApp.getActiveSheet();
03    range = sheet.getDataRange();
04
05    range.setBorder(true, true, true, true, null, null);
06    range.setBorder(null, null, null, null, true, true);
07  }
```
内側の線だけ引く

019 | 表の枠線のスタイルを変更する

次に表の枠線のスタイルを変更します。外枠を太線にし、見出し行を除く横罫のみ破線にしてみましょう。

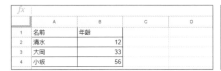

外枠が太線、横罫を破線にする

GUIでスプレッドシートを操作する場合、すでに引かれている罫線のスタイルを後から変更することができますが、**GASではsetBorderメソッドで罫線を引くのと同時にスタイルを設定する必要があります。**つまり、GASで既存の罫線のスタイルを変更するという操作を実現したい場合は、同じ箇所にスタイルを指定して罫線を引き直すということになります。

◢ 罫線のスタイルを設定するには

スタイルを設定して罫線を引く場合は、setBorderメソッドの第7引数に線の色、第8引数に線のスタイルを指定します。

```
Rangeオブジェクト.setBorder(上, 下, 右, 左, 垂直, 水平, 線の色,
線のスタイル)
```

線の色は#ffffffの形式、または"red"のように文字列で指定します。
線のスタイルは、SpreadsheetAppクラスの**BorderStyle**プロパティで指定します。使えるプロパティは次の通りです。

プロパティ	説明
DOTTED	ドットの破線
DASHED	ダッシュの破線
SOLID	細い実線
SOLID_MEDIUM	普通の実線
SOLID_THICK	太い実線
DOUBLE	二重線

それではサンプルスクリプトを見てみましょう。まずは外枠だけを太い実線で引き直します。

borderStyleSample.gs

```
01  function borderStyleSample() {
02    var sheet = SpreadsheetApp.getActiveSheet();
03    var range = sheet.getDataRange();
04
05    range.setBorder(true, true, true, true, null, null, null,
      SpreadsheetApp.BorderStyle.SOLID_MEDIUM);
06  }
```

〔04行目ラベル：上　下　右　垂直　水平　線の色　線のスタイル〕

外枠だけ太線にする。線の色はnullのため変わらない

次に見出し行を除いた横罫だけをグレーの破線にします。見出し行を除いたセル範囲を改めて取得して、setBorderメソッドを実行します。

borderStyleSample.gs（続き）

```
01  function borderStyleSample() {
02    var sheet = SpreadsheetApp.getActiveSheet();
03    var range = sheet.getDataRange();
04
05    range.setBorder(true, true, true, true, null, null, null,
      SpreadsheetApp.BorderStyle.SOLID_MEDIUM);
06    range = sheet.getRange(2, 1, sheet.getLastRow() - 1, sheet.
      getLastColumn());
07    range.setBorder(null, null, null, null, null, true, "gray",
      SpreadsheetApp.BorderStyle.DASHED);
08  }
```

セル範囲を取得し直す

見出し行を除く横罫だけグレーの破線にする

020 | 表の見出しに色を付ける

表の見出しには色を付けてわかりやすくすることが多いでしょう。ここではその方法を紹介します。

表の見出しに色を付ける

■ セルの色を変更する方法

セルの色（背景色）を設定するには**setBackgroundメソッド**を使います。引数に#ffffffの形式、あるいは"red"などの文字列で色を指定します。

```
range.setBackground(色指定)
```

サンプルスクリプトを見てみましょう。まず見出し行のセル範囲を取得します。ここでは、P.57で説明したようにgetRangeメソッドとgetLastColumnメソッドを組み合わせてセル範囲を指定します。こうすることで、将来的に表の列数が増減してもスクリプトは変更せずに対応することができます。

setBackgroundSample.gs
```
01  function setBackgroundSample() {
02    var sheet = SpreadsheetApp.getActiveSheet();
03    var headerRange = sheet.getRange(1, 1, 1, sheet.
      getLastColumn());  ——列数が変わっても対応できるようにセル範囲を指定
04    headerRange.setBackground("gray");  ——セルの色をグレーに設定
05  }
```

021 | 行／列を挿入する

行／列を挿入する方法です。1行、および指定した行数を挿入してみます。

	A	B	
1			
2	ABC	123 あいうえ	1100
3	ABC	123 あいうえ	1100
4	ABC	123 あいうえ	1100

行を挿入する

	A		C	D
2		ABC	123	あいうえ
3		ABC	123	あいうえ
4		ABC	123	あいうえ
5		ABC	123	あいうえ

列を挿入する

☑ 行／列を挿入する方法

Sheetクラスの**insertRowsメソッド**は、第1引数で指定した行の上に空白行を挿入します。また、第2引数には挿入する行数を指定できます。省略すると1行挿入します。

```
Sheetオブジェクト.insertRows(挿入する行, 挿入する行数)
```

insertColumnsメソッドは指定した列の左に空白列を挿入します。また、第2引数には挿入する列数を指定できます。省略すると1列挿入します。

```
Sheetオブジェクト.insertColumns(挿入する列, 挿入する列数)
```

以下のサンプルは、行を挿入する関数と列を挿入する関数を定義しています。

insertRowsAndColunmsSample.gs

```
01  function insertRowsSample() {
02    var sheet = SpreadsheetApp.getActiveSheet();
03    sheet.insertRows(1);            1行目に1行挿入
04    sheet.insertRows(8, 3);         8行目に3行挿入
05  }
06
07  function insertColumnsSample() {
08    var sheet = SpreadsheetApp.getActiveSheet();
09    sheet.insertColumns(1);         1列目に1列挿入
10    sheet.insertColumns(8, 3);      8列目に3列挿入
11  }
```

◢ 1行おきに空白行を挿入する方法

	A	B	C	D
2	ABC	123	あいうえ	1100
3	ABC	123	あいうえ	1100
4	ABC	123	あいうえ	1100
5	ABC	123	あいうえ	1100
6	ABC	123	あいうえ	1100
7	ABC	123	あいうえ	1100
8	ABC	123	あいうえ	1100
9	ABC	123	あいうえ	1100
10	ABC	123	あいうえ	1100
11	ABC	123	あいうえ	1100

	A	B	C	1行おきに空白行を挿入
3	ABC	123	あいうえ	1100
4				
5	ABC	123	あいうえ	1100
6				
7	ABC	123	あいうえ	1100
8				
9	ABC	123	あいうえ	1100
10				
11	ABC	123	あいうえ	1100
12				

　次に応用編として、1行おきに空白行を挿入する方法を見てみましょう。繰り返し処理との組み合わせ、挿入する行の指定を動的に行うことがポイントです。
　ここではSheetクラスの**insertRowsAfterメソッド**を使います。

> `Sheetオブジェクト.insertRowsAfter(挿入する行, 挿入する行数)`

　insertRowsAfterメソッドは、第1引数で指定した行の下に空白行を挿入します。また、第2引数には挿入する行数を指定できます。省略すると1行挿入します。insertRowsメソッドとの違いは、**挿入される位置が指定した行の上か下だけ**です。
　それではinsertRowsメソッドと繰り返し処理を組み合わせて、1行おきに空白行を挿入するサンプルを見てみましょう。少々複雑になるので、少しずつコードを追記しながら説明していきます。
　まず、これまでと同様に対象のシートを取得したら、getLastRowメソッドでデータの最終行を取得しておきます。

insertRowsAfterSample.gs

```
01  function insertRowsAfterSample() {
02    var sheet = SpreadsheetApp.getActiveSheet();
03    var lastRow = sheet.getLastRow();
04  }
```

　次に、1行目から順番に空白行を挿入する処理を行うため、for文による繰り返し処理を行います。1行目からスタートするため、カウンタ変数iの初期値は1です。そして、最終行に達するまで繰り返すため、条件式はi < lastRowです。

insertRowsAfterSample.gs（続き）

```
01  function insertRowsAfterSample() {
02    var sheet = SpreadsheetApp.getActiveSheet();
03    var lastRow = sheet.getLastRow();
04
05    for (var i = 1; i < lastRow; i++) {
06    }
07  }
```

　繰り返し処理の中で、1行おきに挿入を行います。具体的には、現在の行が奇数行である場合に、その行の下に行を挿入するようにします。ここはif文による条件分岐を使います。奇数行であるかどうかは、現在の行数（変数iの値）が2で割り切れるかどうかで判断します。奇数行ならば、insertRowsAfterメソッドで行を挿入します。

insertRowsAfterSample.gs（続き）

```
01  function insertRowsAfterSample() {
02    var sheet = SpreadsheetApp.getActiveSheet();
03    var lastRow = sheet.getLastRow();
04
05    for (var i = 1; i < lastRow; i++) {
06      if(i % 2 != 0) {
07        sheet.insertRowsAfter(i, 1);        奇数行の時は下に1行挿入
08      }
09    }
10  }
```

　for文ブロックの最後で、lastRowの値を1増やします。繰り返しのたびに1行追加している（最終行が1行ずつ増えている）ので、この処理を行わないと途中で処理が終わってしまいます。

insertRowsAfterSample.gs（続き）

```
01  function insertRowsAfterSample() {
02    var sheet = SpreadsheetApp.getActiveSheet();
03    var lastRow = sheet.getLastRow();
04
05    for (var i = 1; i < lastRow; i++) {
06      if(i % 2 != 0) {
07        sheet.insertRowsAfter(i, 1);
08        lastRow++;                          lastRowを1増やす
09      }
10    }
11  }
```

✅ 1列おきに空白列を挿入する方法

	A	B	C	D	E	F
2	ABC	123	あいうえ	1100	abcd	ABC
3	ABC	123	あいうえ	1100	abcd	ABC
4	ABC	123	あいうえ	1100	abcd	ABC
5	ABC	123	あいうえ	1100	abcd	ABC
6	ABC	123	あいうえ	1100	abcd	ABC
7	ABC	123	あいうえ	1100	abcd	ABC
8	ABC	123	あいうえ	1100	abcd	ABC
9	ABC	123	あいうえ	1100	abcd	ABC
10	ABC	123	あいうえ	1100	abcd	ABC
11	ABC	123	あいうえ	1100	abcd	ABC
12						

1行おきに空白列を挿入

	A	B	C	D	E	F
11	ABC		123		あいうえ	
12	ABC		123		あいうえ	
13	ABC		123		あいうえ	
14	ABC		123		あいうえ	
15	ABC		123		あいうえ	
16	ABC		123		あいうえ	
17						

次に1列おきに空白列を挿入します。

Sheetクラスの**insertColumnsAfterメソッド**を使います

```
Sheetオブジェクト.insertColumnsAfter()
```

サンプルスクリプトを見てみましょう。先ほどのスクリプトの行を列に置き換えただけです。

insertColumnsAfterSample.gs
```
01  function insertColumnsAfterSample() {
02    // 1列おきに空白列を挿入
03    var sheet = SpreadsheetApp.getActiveSheet();
04    var lastColumn = sheet.getLastColumn();
05
06    for (var i = 1; i < lastColumn; i++) {
07      // 奇数列の時は右に1行挿入
08      if(i % 2 != 0) {
09        sheet.insertColumnsAfter(i, 1);
10        lastColumn++;
11      }
12    }
13  }
```

022 | セルの表示形式・書式を変更する

次はセルの表示形式・書式を変更するサンプルスクリプトです。

▨ 数値の表示形式を変更する方法

数値の表示形式を3桁ずつの
カンマ区切りに変更

3500を3,500と表示させる、あるいは少数点以下の桁数を揃えるなど、セルに対して数値の表示形式を設定したい場面はよくあります。

Rangeクラスの**setNumberFormatメソッド**は、number型およびdate型の値を、引数で指定した形式に設定します。

```
Rangeオブジェクト.setNumberFormat(フォーマット);
```

数値のフォーマットの指定方法

数値のフォーマットを設定するには、setNumberFormatメソッドの引数に**トークン**と呼ばれる符号を使って指定します。

トークン	説明
0	数値の桁を表現する。対象の数値が指定した桁数に満たない場合も、常にゼロ埋めして指定の桁数で表示する。
#	数値の桁を表現する。ただし対象の数値が指定した桁数に満たない場合は表示しない

次の指定は、0で埋めて小数点3桁で揃えます。

```
Rangeオブジェクト.setNumberFormat("00.000");
```

この場合、例えばセルの数値が22.2222であれば22.222と表示します。また、セルの数値が2.2であれば02.200と表示します。

サンプルスクリプトを見てみましょう。次のようなデータがあるとします。スクリプトを実行すると、0で桁をそろえる表示形式が設定されます。

setNumberFormatSample.gs

```
01  function setNumberFormatSample() {
02    var sheet = SpreadsheetApp.getActiveSheet();
03    var range = sheet.getRange(1, 2, sheet.getLastRow(), 1);
04    range.setNumberFormat("00.000");
05  }
```

　setNumberFormatメソッドの引数を「#.###」に変更してみましょう。これは小数点以下を3桁にする指定ですが、特に0で埋めたりはしません。そのため、データが「2.2」ならそのまま「2.2」と表示します。

```
Rangeオブジェクト.setNumberFormat("#.###");
```

　スクリプトを実行すると、右のように表示形式が設定されます。

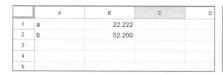

　数値をカンマ区切りにする場合も同じくトークンを使って指定します。3桁ずつカンマ区切りにするには次のように指定します。

```
Rangeオブジェクト.setNumberFormat("#,###");
```

　サンプルスクリプトを見てみましょう。3桁以上の数値を入力してスクリプトを実行すると、3桁ずつカンマで区切られます。

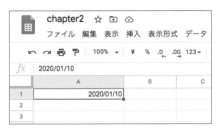

setNumberFormatSample2.gs

```
01  function setNumberFormatSample2() {
02    var sheet = SpreadsheetApp.getActiveSheet();
03    var range = sheet.getRange(1, 2, sheet.getLastRow(), 1);
04    range.setNumberFormat("#,###");
05  }
```

日付の表示形式を変更する方法

次に、日付が入力されているセルの表示形式を変更してみましょう。setNumberFormatメソッドの引数に、決められた書式で日付の形式を指定します。

例えば、日付データ「2020/01/10」が入力されているセルに対し、引数を以下のように指定して実行します。

```
range.setNumberFormat("yyyy年m月d日(ddd)")
```

するとセルの表示は「2020年1月10日（金)」となります。サンプルスクリプトは次のとおりです。

setNumberFormatSample3.gs

```
01  function setNumberFormatSample3() {
02    var sheet = SpreadsheetApp.getActiveSheet();
03    var range = sheet.getDataRange();
04    range.setNumberFormat("yyyy年m月d日(ddd)");  2020年1月10日（金)となる
05  }
```

日付にはさまざまな表示形式のパターンがあります。先ほどの、変更前と同じデータに対し、引数を以下のように指定して実行すると、セルの表示は「2020-01-10 金曜日」となります。

```
range.setNumberFormat("yyyy-mm-dd dddd")
```

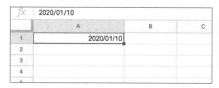 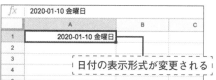

先ほどは曜日の指定を"ddd"と指定しましたが、今回は"dddd"としました。曜日を表すトークン"d"の個数によって、表示形式が決まるのです。サンプルスクリプトは次の通りです。

setNumberFormatSample4.gs
```
01  function setNumberFormatSample4() {
02    var sheet = SpreadsheetApp.getActiveSheet();
03    var range = sheet.getDataRange();
04    range.setNumberFormat("yyyy-mm-dd dddd");
05  }
```
曜日の形式の指定をddddとすると「金曜日」となる

代表的なトークンを掲載します。

トークン	説明
h	時間を表示する。
hh	時間を表示する。1〜9についてはゼロ埋めする。
m	分を表示する。ただし、前のトークンが時間であるか、後続のトークンが秒のとき以外は月を表す。
mm	上と同じく分または月を表示するが、1〜9についてはゼロ埋めする。
s	秒を表示する。
ss	秒を表示する。0〜9についてはゼロ埋めする。

その他のトークンや、詳細については次のURLのリファレンスを参照してください。

- Date and Number Formats
  https://developers.google.com/sheets/api/guides/formats

☑ フォントの設定を変更する

続いて、セルのフォントを変更する方法を見てみましょう。

書体の設定

Rangeクラスの**setFontFamilyメソッド**はセル範囲に対して、引数で指定した書体を設定します。

```
Rangeオブジェクト.setFontFamily(書体名)
```

サンプルスクリプトを見てみましょう。実行するとセルA1の書体がメイリオ（「Meiryo」と指定）に変わります。

setFontFamilySample.gs

```
01  function setFontFamilySample() {
02    var sheet = SpreadsheetApp.getActiveSheet();
03    sheet.getRange("A1").setFontFamily("Meiryo");
04  }
```

フォントを「メイリオ」に変更

なお、指定できる書体名は、スプレッドシートのツールバーのドロップダウンから選択できる書体か、Google Fonts（https://fonts.google.com/）に掲載されている書体です。

Google Fontsのページ

文字サイズ、色の設定

Rangeクラスの setFontSize メソッドはセル範囲に対して、引数で指定した文字のサイズを設定します。サイズは数値で指定します。

Rangeオブジェクト.setFontSize(文字の大きさ)

Rangeクラスの setFontColor メソッドはセル範囲に対して、引数で指定したフォントの色を設定します。フォントの色は #ffffff の形式、または "red" のように文字列で指定します。

Rangeオブジェクト.setFontColor(フォントの色)

次のサンプルスクリプトを実行すると文字サイズと色が変わります。

setFontSizeAndColorSample.gs

```
01  function setFontSizeAndColorSample() {
02    var sheet = SpreadsheetApp.getActiveSheet();
03    sheet.getRange("A1").setFontSize("24");    ── フォントサイズを24に設定
04    sheet.getRange("A2").setFontSize("24").
      setFontFamily("Sawarabi Mincho").setFontColor("red"); ──
05  }
```

フォントサイズを24、書体を「Sawarabi Mincho」、文字色を赤に設定

ここもポイント | Macの場合の注意点

Macでは、執筆時点において「スプレッドシートのドロップダウンで選択できる書体」を指定した場合、うまく動作しないことがあるようです。試しに、ドロップダウンから選択できる「ヒラギノ明朝 Pro」を引数に指定してsetFontFamilyメソッドを実行してみます。

→ 実行前のフォントは「Arial」

```
01  function setFontFamilyTest() {
02    var sheet = SpreadsheetApp.getActiveSheet();
03    sheet.getRange("A1").setFontFamily("ヒラギノ明朝 Pro");
04  }
```

「ヒラギノ明朝 Pro」と指定

実行結果を確認します。見た目上、書体は変更されていません。

確認のため、セルに設定されている書体名を取得するgetFontFamilyメソッドでA1セルの書体名を取得してみます。

```
01  function getFontFamilyTest() {
02    var sheet = SpreadsheetApp.getActiveSheet();
03    Logger.log(sheet.getRange("A1").getFontFamily());
04  }
```

書体名を取得

すると、ログには「ヒラギノ明朝 Pro」と表示されます。

ログ

[20-08-17 16:37:35:422 JST] ヒラギノ明朝 Pro

「ヒラギノ明朝 Pro」と表示される

Google Fontsに掲載されている書体名を指定した場合は、このような問題は発生しないようです。MacではGoogle Fontsの書体を指定した方が無難でしょう。

2

Googleスプレッドシート自動化の基本

081

⊙23 | 1行おきに行に色を付ける

　行数が多い表の場合、1行おきに行の色を変えてストライプにすると表が見やすくなります。スプレッドシートには「交互の背景色」という機能が用意されており、これにより表をストライプにすることができます。GUIで操作する場合は[メニューの表示形式]から[交互の背景色]をクリックします。

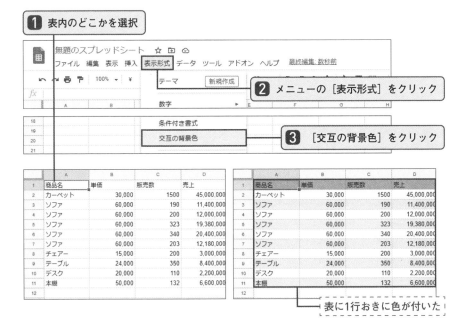

┃ 表に1行おきに色が付いた

◢ 交互の背景色を設定する方法

　これをGASから実行する方法を見てみましょう。Rangeクラスの**applyRowBandingメソッド**はセル範囲に交互の背景色を設定します。

```
Rangeオブジェクト.applyRowBanding()
```

　それではサンプルスクリプトを見てみましょう。セル範囲に対し1行おきに薄いグレーの背景色が設定されます。また、見出し行は濃いグレーの背景色が設定されます。

applyRowBandingSample.gs

```
01  function applyRowBandingSample() {
02    var sheet = SpreadsheetApp.getActiveSheet();
03    sheet.getDataRange().applyRowBanding();  ── 行方向に適用、ヘッダーあり
04  }
```

　上のサンプルでは引数なしでapplyRowBandingメソッドを実行したため、デフォルトの設定で交互の背景色が設定されましたが、引数に色のテーマ、ヘッダー行・フッター行の有無を指定することもできます。

Rangeオブジェクト.applyRowBanding(色のテーマ, ヘッダー行の有無, フッター行の有無)

　色のテーマは、第2引数にSpreadsheetAppクラスの**BandingThemeプロパ ティ**で指定します。以下に指定できる値の一部を掲載します。

プロパティ	説明
LIGHT_GREY	明るいグレーのテーマ
CYAN	シアンのテーマ
GREEN	グリーンのテーマ
YELLOW	黄色のテーマ
ORANGE	オレンジのレーマ
BLUE	青のテーマ

　その他に指定できる色のテーマはリファレンスを参照してください。

- Enum BandingTheme
  https://developers.google.com/apps-script/reference/spreadsheet/banding-theme

　ヘッダー行・フッター行の有無は第3引数にtrueまたはfalseで指定します。trueを指定すると最初の行または最後の行をヘッダー行・フッター行として背景色を設定します。
　それではサンプルスクリプトを見てみましょう。

applyRowBandingSample2.gs

```
01  function applyRowBandingSample2() {
02    var sheet = SpreadsheetApp.getActiveSheet();
03    sheet.clearFormats();  ────── すでに適用されている交互の背景色を解除
```

```
04    sheet.getDataRange().applyRowBanding(SpreadsheetApp.
      BandingTheme.CYAN, true, false);
05  }
```
シアンのテーマ、ヘッダー行あり、フッター行なし

　先ほどのサンプルのapplyRowBandingメソッドに引数を追加しました。な
お、すでに交互の背景色が設定されている範囲に対して、交互の背景色を再
設定することはできないため、applyRowBandingメソッドを実行する前に、
clearFormatsメソッドを追加し、先ほどのサンプルで設定した交互の背景色
を解除しています。

☑ 列方向に交互の背景色を設定する方法

　列方向に交互の背景色を設定して、1列おきに行の色を変えることもでき
ます。

	A	B	C	D	E	F
1	商品名	単価	販売数	売上	担当者	
2	カーペット	30,000	1500	45,000,000	酒井	
3	ソファ	60,000	190	11,400,000	天野	
4	ソファ	60,000	200	12,000,000	浦本	
5	ソファ	60,000	323	19,380,000	浦本	
6	ソファ	60,000	340	20,400,000	酒井	
7	ソファ	60,000	203	12,180,000	天野	
8	チェアー	15,000	200	3,000,000	天野	
9	テーブル	24,000	350	8,400,000	後藤	
10	デスク	20,000	110	2,200,000	江口	
11	本棚	50,000	132	6,600,000	酒井	
12						

┌ - - - - - - - - - - - ┐
: 1列おきに色が付く :
└ - - - - - - - - - - - ┘

　applyColumnBandingメソッドはセル範囲に交互の背景色を列方向に設定
します。

```
Rangeオブジェクト.applyColumnBanding()
```

　また、applyRowBandingメソッドと同様、引数に色のテーマ、ヘッダー行・
フッター行の有無を設定することもできます。
　それではサンプルスクリプトを見てみましょう。

applyColumnBandingSample.gs
```
01  function applyColumnBandingSample() {
02    var sheet = SpreadsheetApp.getActiveSheet();
03    sheet.getDataRange().applyColumnBanding(SpreadsheetApp.
      BandingTheme.LIGHT_GREY, false, false);
04  }
```
明るいグレーのテーマ、ヘッダー行あり、フッター行なし

024 | データを昇順／降順に 並べ替える

　文字列や数値など、ある順番でデータを並べ替えたい場面は多くあります。データの並べ替え（ソート）をしてみましょう。

商品名（A列）を基準に昇順でソート

	A	B	C	D
1	商品名	単価	販売数	売上
2	カーペット	322333.1233	1500	483499685
3	ソファ	322333	17	5479661
4	本棚	322333	320	103146560
5	ソファ	322333	21	6768993
6	ソファ	322333	1300	419032900
7	チェアー	20	4030	80600
8	テーブル	100	3	300

	A	B	C	D
1	商品名	単価	販売数	売上
2	カーペット	322333.1233	1500	483499685
3	ソファ	322333	17	5479661
4	ソファ	322333	21	6768993
5	ソファ	322333	1300	419032900
6	ソファ	322333	323	104113559
7	ソファ	322333	400	128933200
8	チェアー	20	4030	80600

◼ セル範囲のデータをソートする方法

　Rangeクラスの**sortメソッド**はセル範囲に対してソートを行います。引数にはソートのキー（基準）となる列を、列番号で指定します。ソート順はデフォルトでは昇順となります。

```
Rangeオブジェクト.sort(列番号)
```

　昇順／降順を指定する場合は、オブジェクトリテラルを使い、次のように指定します。columnプロパティに列番号、ascendingプロパティにtrue（昇順）またはfalse（降順）を指定します。

```
Rangeオブジェクト.sort({column: 列番号, ascending: 順序})
```

　それではサンプルスクリプトを見てみましょう。まずは列番号のみを指定して実行してみます。1列目（A列）を基準に昇順でソートされます。

sortDataSample.gs

```
01  function sortDataSample() {
02    var sheet = SpreadsheetApp.getActiveSheet();
03    var range = sheet.getRange(2, 1, sheet.getLastRow() - 1,
      sheet.getLastColumn());
04    range.sort(1);            1列目を基準に昇順でソート
05  }
```

次にソート順序を指定するサンプルです。columnプロパティに2、ascendingプロパティにfalseを指定しました。

sortDataSample2.gs

```
01  function sortDataSample2() {
02    var sheet = SpreadsheetApp.getActiveSheet();
03    var range = sheet.getRange(2, 1, sheet.getLastRow() - 1,
      sheet.getLastColumn());
04    range.sort({column: 2, ascending: false});
05  }
```

2列目(B列)を基準に降順でソートされる

✓ 複数のキーを指定する

複数のキーを指定してソートしたい場合もあります。例えば、商品名をキーとしてソートし、商品名が同一のデータについては販売数順でソートするような場合です。

1列目（商品名）昇順、3列目（販売数）昇順の順でソートされる

	A	B	C	D
1	商品名	単価	販売数	売上
2	カーペット	322333.1233	1500	483499685
3	ソファ	322333	17	5479661
4	本棚	322333	320	103146560
5	ソファ	322333	21	6768993
6	ソファ	322333	1300	419032900
7	チェアー	20	4030	80600
8	テーブル	100	3	300
9	ソファ	322333	323	104113559

	A	B	C	D
1	商品名	単価	販売数	売上
2	カーペット	322333.1233	1500	483499685
3	ソファ	322333	17	5479661
4	ソファ	322333	21	6768993
5	ソファ	322333	1300	419032900
6	ソファ	322333	323	104113559
7	ソファ	322333	400	128933200
8	チェアー	20	4030	80600
9	テーブル	100	3	300

複数のキーを指定する場合は、引数に指定するオブジェクトを配列の形にします。1列目昇順、3列目昇順の順でソートする場合は次のように指定します。

sortDataSample3.gs

```
01  function sortDataSample3() {
02    var sheet = SpreadsheetApp.getActiveSheet();
03    sheet.getRange(2, 1, sheet.getLastRow(), sheet.
      getLastColumn()).sort([
04      {column: 1, ascending: true}, {column: 3, ascending: true}
05    ])
06  }
```

1列目を昇順でソート　　3列目を昇順の順でソート

025 | フィルタで表示する データを絞り込む

　フィルタによる表示データの絞り込みは、ソートと並んでスプレッドシートの便利な機能の1つです。GASからフィルタを設定する方法を見てみましょう。

	A	B	C	D	E	
1	商品名	単価	販売数	売上	担当者	← フィルタが設定される
2	カーペット	322333.1233	1500	483499685	酒井	
3	ソファ	322333	17	5479661	天野	
4	本棚	322333	320	103146560	酒井	
5	ソファ	322333	21	6768993	浦本	
6	ソファ	322333	1300	419032900	天野	
7	チェアー	20	4030	80600	天野	
8	テーブル	100	3	300	後藤	
9	ソファ	322333	323	104113559	浦本	

☑ セル範囲にフィルタを設定する方法

　Rangeクラスの**createFilterメソッド**は、セル範囲に対しフィルタを設定します。

```
Rangeオブジェクト.createFilter()
```

☑ 既存のフィルタの有無を判定してからフィルタを設定する

　注意点として、すでにフィルタが設定されているセル範囲にフィルタを設定しようとすると、エラーが発生します。

　Sheetクラス（こちらはRangeクラスではないことに注意しましょう）の**getFilterメソッド**は、シートに設定されているフィルタを**Filterオブジェクト**として返します。フィルタが設定されていない場合はnullを返します。これを利用して、シートにフィルタが設定されているかどうかを調べることができます。

```
Sheetオブジェクト.getFilter()
```

フィルタを解除するのは、Filterクラスの**removeメソッド**です。

```
Filterオブジェクト.remove()
```

つまり、フィルタを解除する場合は、フィルタが適用されているセル範囲のRangeオブジェクトではなく、getFilterメソッドで取得したFilterオブジェクトに対してremoveメソッドを実行する必要があるのです。フィルタを設定する際と操作対象のオブジェクトが異なるので注意しましょう。

それではサンプルスクリプトを見てみましょう。

filterSample.gs

```
01  function filterSample() {
02    var sheet = SpreadsheetApp.getActiveSheet();
03    var filter = sheet.getFilter();          ── フィルタを取得
04                          ┌─ フィルタの有無を判定
05    if (filter !== null) {
06      filter.remove();          ── もしすでにフィルタが設定されていれば解除
07    }
08
09    var range = sheet.getDataRange().createFilter();── フィルタを設定
10  }
```

まず、getFilterメソッドを実行し、変数filterに戻り値を代入します。続いてif文により条件分岐を行います。条件式で変数filterの値を判定（nullでなければtrue）することで、シートにフィルタが設定されているかどうかを調べます。もしフィルタが設定されていればremoveメソッドで解除します。最後に、createFilterメソッドでセル範囲に対しフィルタを設定します。

026 | 公式リファレンスで 情報を調べる

ここまで、スプレッドシートを操作するさまざまなメソッドを紹介してきましたが、これらは全体のごく一部です。ぜひ、本書と合わせて公式リファレンスを見る習慣をつけましょう。本Chapterで解説したクラスやメソッドについても、リファレンスを参照することでより理解が深まります。公式リファレンスは本書の執筆時点においては、日本語に翻訳されていませんが、Web上の翻訳ツールなども活用すれば読解できるはずです。

- **Google Apps Scriptリファレンス**
  https://developers.google.com/apps-script

ここでは、リファレンスの見方（たどり方）を簡単に説明します。まず、リファレンスのトップページにアクセスしましょう。トップページの上部にメニューがあるので、［Reference］をクリックします。

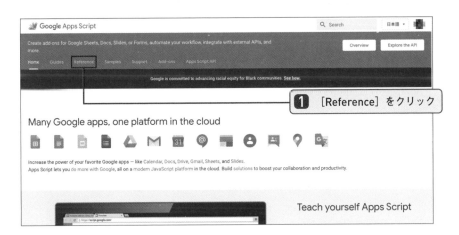

リファレンスのページが表示されました。左側にはGASで操作できるさまざまな項目が並んでいます。スプレッドシートやドキュメント、Gmailなどのアプリは［G Suite Services］に含まれています。では、スプレッドシートのリファレンスにアクセスしましょう。

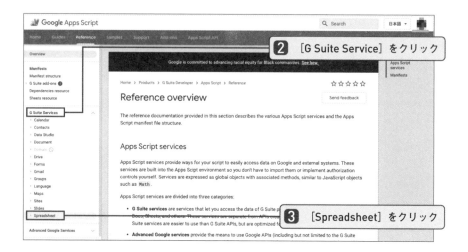

[SpreadsheetAppクラス] を開いてみましょう。見出しの下にはクラスの概要の説明が、さらにその下にSpreadsheetAppクラスのすべてのメンバー（プロパティとメソッド）とその説明が記載されています。

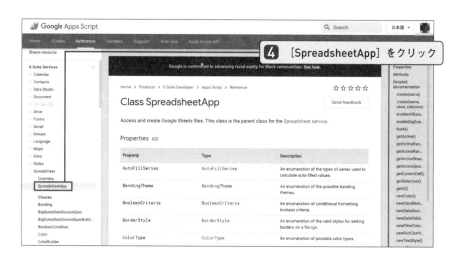

　ここでは、SpreadSheetAppクラスのgetActiveSpreadsheetメソッドの説明を見てみます。画面右側には、メンバーの一覧がアルファベット順で記載されており、　それぞれの説明へのショートカットになっています。[getActiveSpreadsheet()] をクリックすると、getActiveSpreadsheetメソッドの解説にジャンプします。

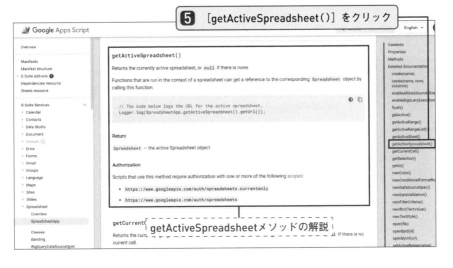

getActiveSpreadsheetメソッドは現在のアクティブなスプレッドシートを返し、もしアクティブなスプレッドシートがない場合はnullを返すことが説明されています。その下にはメソッドの使用例、さらに下にはReturn、つまり戻り値が記載されていて、上記の説明文の通り、Spreadsheetオブジェクト（「アクティブなスプレッドシートのオブジェクト」と説明されています）を返すことが記載されています。

戻り値のSpreadsheetオブジェクトについて、さらに詳しく知りたい場合は、［Spreadsheet］のリンクをクリックします。

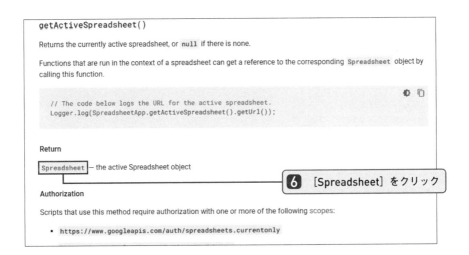

すると、Spreadsheetクラスのページに移動します。

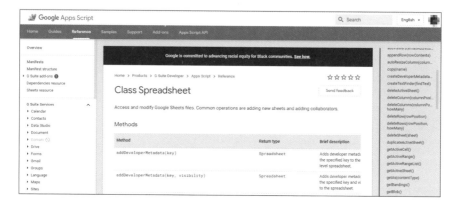

また、その下にはSpreadsheetAppクラスのページと同様に、Spreadsheetクラスに属するすべてのメンバーが掲載されています。メンバーをクリックするとその説明が表示されます。「Parameters」の下の表はメソッドが取る引数の解説です。「Type」は引数の型を示しており、そこが「String」であれば文字列を指定できることが解読できます。

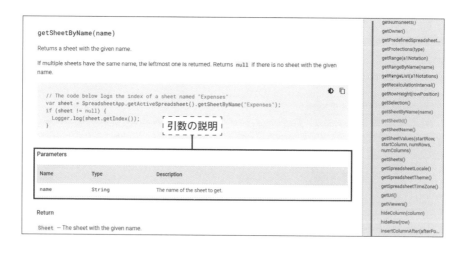

解説を完全に読み解かなくても、「メソッド名」と「引数と戻り値の形式」がわかれば、メソッドを使うことは可能です。あまり気負わずに眺めるだけでも役に立ちます。

Chapter

3

Google ドライブの
自動化

027 | Googleドライブの メリットを知る

Googleドライブは、Googleが提供するオンライン（クラウド）ストレージサービスです。Googleアカウントさえ持っていれば、スプレッドシートなどのGoogleのアプリで作成したアイテムの他、さまざまな種類のファイルをアップロードし、複数の端末からアクセスすることができます。

◢ Googleドライブの利点

オンラインストレージには、Googleドライブの他Dropboxや、MicrosoftのOneDriveなどさまざまありますが、Googleドライブの大きな利点はGoogle Appsに用意されているオフィスソフトと密接に連携していることでしょう。これらのアプリはGoogleドライブ上で作成・編集し、保存されることが前提となっています。

社内業務においては、Microsoft Officeなどを使い各自の端末で作成したドキュメントを、ファイルサーバーで共有することが一般的ですが、Googleドライブならドキュメントの作成から共有まで1つで行えるため、社内でのデータ共有が大変手軽になります。

そしてもう1つの利点は、**GASを使ったファイル・フォルダ操作の自動化が可能**であることです。前Chapterで学習したスプレッドシートの操作と組み合わせることで、実業務に役立つスクリプトを作成できるようになります。このChapterでは、GASによるドライブの操作を学びます。

ここもポイント | Googleドライブの容量を使用するアイテムとしないアイテム

Googleドライブは15GBまで無料で保存容量を利用することができます。また、Googleが提供するアプリのうち、スプレッドシート、ドキュメント、スライド、フォームのファイルはGoogleドライブ上の容量を使用しません（保存しても使用容量として加算されない）。容量を使用するのは、画像や動画ファイル、PDFファイルなど他の大部分のファイルです。また、Gmailのメールとその添付ファイルもドライブの容量を使用することに注意しましょう。

028 | スタンドアロンスクリプトを作成する

Chapter 2では、コンテナバインドスクリプト、すなわちスプレッドシートに紐付いたスクリプトについて学びました。Chapter 3では、ドライブに対して操作を行うので、**スタンドアロンスクリプト**、すなわちドライブ上で独立して動作するスクリプトについて解説します。

それでは、早速スタンドアロンスクリプトを作成してみましょう。Googleドライブにアクセスして次のように操作します。

新規スタンドアロンスクリプトが作成され、スクリプトエディタが表示されます。スクリプトエディタの画面構成、スクリプトの編集や保存、実行などといった操作方法はコンテナバインドスクリプトと同様です。「chapter3」というプロジェクト名を付けて保存しておきましょう。

029 | ファイル・フォルダを 共有する

▣ 複数人がアクセスできるよう共有設定する

Googleドライブ（以降、ドライブと表記します）上で作成・編集したスプレッドシートやフォルダは、デフォルトではそれを作成したユーザー（Googleアカウント）しかアクセスすることはできません。

しかし、社内やチーム内の複数人でそれらを共有したい場合があります。例えば、定例会議の際、売上データをまとめたスプレッドシートに、チーム全員がアクセスできるようにしたいといったケースです。

このような場合、共有設定を行うことで、他のユーザーからも閲覧や編集が可能になります。もちろん共有範囲やその権限（閲覧のみか、編集も可か）を設定することができます。共有の方法にはファイル単位で共有する方法と、フォルダ単位で共有する方法があります。

▣ ファイルを共有する方法

まずはファイルを共有する方法です。ドライブ上の共有したいファイルを右クリックします。

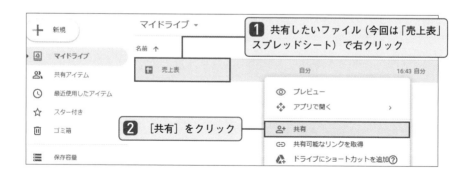

「ユーザーやグループと共有」ウィンドウが表示されます。［ユーザーやグループを追加］欄に、共有したい相手のGoogleアカウント名、つまり

Gmailのメールアドレスを入力します。共有相手は複数人選択できます。なお、Googleアカウント以外のメールアドレスの場合は、その共有相手は閲覧のみ行うことができます。

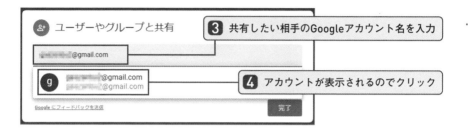

次に、ファイルに対する共有相手の権限を指定します。デフォルトでは「編集者」が選択されています。権限には3段階あり、その種類とできることは次の通りです。

- **編集者**：ファイルに対して、作成した本人（オーナー）と同様の操作をすべて行える。ファイルを他のユーザーに共有をすること（ここで行っている手順）ができるのは編集者のみ。
- **閲覧者（コメント可）**：ファイルに対してコメントを行うことはできるが、編集や、ファイルを他のユーザーに共有をすることはできない。
- **閲覧者**：閲覧のみ可。編集、コメント、他のユーザーに共有はできない。

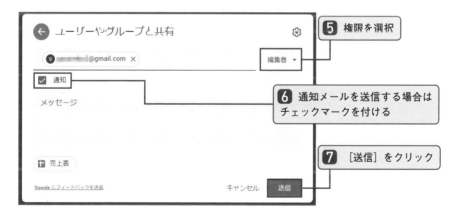

これで「売上表」スプレッドシートが共有されました。［通知］にチェックマークを付けた場合、共有相手にGmailで招待メールが送付されます。

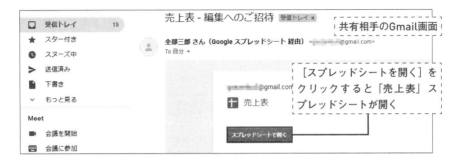

共有ファイルは共有相手の［共有アイテム］内に表示されます。

✂ フォルダを共有する方法

　社内やチーム内で複数のファイルを共有したい場合があります。このような場合に、ファイル1つずつに対して共有設定を行うのは手間なので、ドライブ上に共有用のフォルダを作成し、フォルダごと共有します。

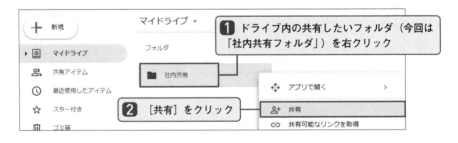

　以降は、ファイルの共有と同様の手順で進めてください。「社内共有」フォルダは共有フォルダになります。フォルダ内にあるファイルは、共有フォルダに対して付与したのと同様の権限で共有されます（ただし、後からファイル単位で共有設定を変更することは可能です）。

共有する際に［通知］にチェックマークを付けた場合、共有相手にはGmail
で招待の通知が送付されます。

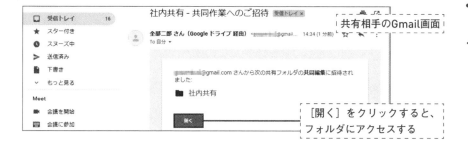

　共有されたフォルダは、共有ファイルと同様、共有相手の［共有アイテム］
内に表示されます。

◢ 共有したアイテムの見分け方

　他のユーザーから共有されたフォルダやファイルは、自分の作成したアイ
テムとは別に、ドライブ内の「共有アイテム」フォルダ内に表示されます。
一方、共有元のユーザー（オーナー）のドライブでは、他のユーザーに共有
したフォルダやファイルは元の場所に表示されています。他のユーザーと共
有しているフォルダやファイルは、人物のアイコンが付いていることで見分
けることができます。

⊙30⊙ | Driveサービスの クラス構成

GASにおいて、ドライブを操作するためのクラスを提供するのが**Driveサービス**です。

スプレッドシートの操作を学んだ際と同様、ここでは、Googleドライブを操作するに当たって、Driveサービスのクラス構成を理解しておきましょう。

◢ Driveサービスの各クラス

DriveAppクラスはDriveサービスの最上位に位置します。ドライブ全体に対する操作や、マイドライブ上の操作を行う機能を提供します。DriveAppクラスのメソッドの一部を紹介します。

DriveAppクラスのメソッド（一部）

メソッド	戻り値	説明
createFolder(name)	Folder	引数で指定した名前のフォルダをマイドライブに作成する
getFolderById(id)	Folder	引数で指定したIDのフォルダを取得する
getFileById(id)	File	引数で指定したIDのファイルを取得する
getFilesByName(name)	FileIterator	ドライブ内から引数で指定した名前のすべてのファイルをコレクションとして取得する
getFoldersByName(name)	FolderIterator	ドライブ内から引数で指定した名前のすべてのフォルダをコレクションとして取得する
getRootFolder()	Folder	ユーザーのドライブのルートフォルダ（マイドライブ）を取得する
searchFiles(params)	FileIterator	引数に指定した検索条件でドライブ内のファイルを検索し、コレクションとして取得する
searchFolders(params)	FolderIterator	引数に指定した検索条件でドライブ内のフォルダを検索し、コレクションとして取得する

DriveAppクラスの下位に当たる**Folderクラス**は、ドライブ上のフォルダを操作する機能を提供します。

Folderクラスのメソッド（一部）

メソッド	戻り値	説明
createFolder(name)	Folder	フォルダに引数で指定した名前のフォルダを作成する
getFilesByName(name)	FileIterator	フォルダ内から引数で指定した名前を持つすべてのファイルをコレクションとして取得する
getFoldersByName(name)	FolderIterator	フォルダ内から引数で指定した名前を持つすべてのフォルダをコレクションとして取得する
getId()	String	フォルダのIDを取得する
getName()	String	フォルダの名前を取得する
getUrl()	String	フォルダのURLを取得する
setTrashed(boolean)	Folder	フォルダがゴミ箱に存在するかどうかを引数で指定したtrueまたはfalseで設定する
searchFiles(params)	FileIterator	引数の検索条件でフォルダ内のファイルを検索し、コレクションとして取得する
searchFolders(params)	FolderIterator	引数の検索条件でフォルダ内のフォルダを検索し、コレクションとして取得する
moveTo(destination)	Folder	フォルダを指定したフォルダに移動する

Folderクラスの下位に当たる**Fileクラス**は、ドライブ上のファイル（スプレッドシートやドキュメントといったGoogle Appsのアイテムの他、テキストファイルや画像、PDFファイルなどあらゆる種類のファイル）を操作する機能を提供します。なお、Fileクラスにはファイルの情報を取得するメソッドが、次に紹介するgetNameメソッドなどの他にも多数用意されています。それらのメソッドは、あとで実際に使用しながら解説します。

Fileクラスのメソッド (一部)

メソッド	戻り値	説明
getName()	String	ファイルの名前を取得する
getId()	String	ファイルのIDを取得する
getURL()	String	ファイルのURLを取得する
setDescription(description)	File	ファイルに説明を設定する
setName(name)	File	ファイルに名前を設定する
setStarred(starred)	File	ファイルにスターを付ける
setTrashed(boolean)	File	ファイルをゴミ箱に移動する
makeCopy()	File	ファイルのコピーを作成する
makeCopy(destination)	File	ファイルのコピーを作成する
makeCopy(name)	File	ファイルのコピーを作成する
makeCopy(name, destination)	File	ファイルのコピーを作成する
moveTo(destination)	File	ファイルを指定したフォルダに移動する

　ドライブの設定は、スプレッドシートの操作と同様、DriveAppクラスのメソッドでFolderオブジェクトを取得し、FolderクラスのメソッドでFileオブジェクトを取得するというように、上位のオブジェクトから下位のオブジェクトへとたどっていくのが基本です。

ここもポイント | 非推奨になったメソッドと追加されたメソッド

2020年7月のリリースで、いくつかのメソッドが非推奨になりました。非推奨になったメソッドは次の通りです。

DriveAppクラス

addFile(File)
addFolder(Folder)
removeFile(File)
removeFolder(Folder)

Folderクラス

addFile(File)
addFolder(Folder)
removeFile(File)
removeFolder(Folder)

また、新たに、ファイルを移動するFileクラスのmoveToメソッド、フォルダを移動するFolderクラスのmoveToメソッドなど、いくつかのメソッドが追加されました (以前は、GASにはファイルやフォルダを移動するメソッドは存在しませんでした)。

■ 同名のメソッドについて

　先ほどの表を見ると、DriveAppクラスとFolderクラス、およびFileクラスのそれぞれに同じ名前のメソッドが存在することに気が付くかと思います。

　DriveAppクラスのgetFilesByNameメソッドは、サブフォルダも含めたドライブ全体から、指定した名前のファイルを取得します。Folderクラスに所属する同名のgetFilesByNameメソッドは、特定のフォルダ内から指定した名前のファイルを取得します。

　また、Folderクラスのget Nameメソッドはフォルダ名を取得し、FileクラスのgetNameメソッドはファイル名を取得します。

　このように、GASではある程度法則的にメソッドを覚えることができます。

　一方で、この法則が通用しないケースがあります。FileクラスのmakeCopyメソッドはファイルのコピーを作成します。となれば、Folderクラスにも、フォルダのコピーを作成する、makeCopyメソッドがあるのではないかと推測できそうですね。しかし、実際にはGASにはフォルダをコピーするメソッドは用意されていません。

　このような例外もあるので、リファレンスの参照は欠かせません。

031 操作対象のフォルダを取得する

☑ IDを指定してフォルダを取得する

スプレッドシートの操作と同様、ドライブの操作は操作対象のフォルダ、またはファイルを取得することから始まります。まずはDriveAppクラスのメソッドを使い、ドライブ上のフォルダを取得してみましょう。

フォルダを取得する方法にはいくつか種類があります。

まずは、フォルダのIDを指定して取得する方法です。**DriveAppクラスの getFolderByIdメソッド**は、引数に指定したIDのフォルダを取得します。戻り値はFolderオブジェクトです。

フォルダのIDは、フォルダを開いた状態のURLから確認できます。

```
https://drive.google.com/drive/folders/<ID>
```

それでは、サンプルスクリプトを見てみましょう。実際にスクリプトを実行する際には、getFolderByIdの引数をXXXXXXXXXから、取得したいフォルダのIDに置き換えてください。スクリプトを実行してログを表示すると、フォルダ名が確認されます。実行時にアクセス権を求められた場合は、P.41を参考にして許可してください。

getFolderByIdSample.gs

```
01  function getFolderByIdSample () {
02    var folder = DriveApp.getFolderById("XXXXXXXXX");
03    Logger.log(folder.getName());
04  }
```

IDを指定してフォルダを取得
フォルダ名を取得し、ログ出力

　IDによる指定は対象のフォルダを間違えにくいというメリットはありますが、IDを調べる手間がかかります。そのため、フォルダ名で取得する方法も用意されています。

◢ 名前を指定してフォルダを取得する

　次に、フォルダの名前を指定して取得する方法です。DriveAppクラスの **getFoldersByNameメソッド** は、ドライブ全体から、引数に指定した名前のフォルダを取得します。戻り値はFolderオブジェクトではなく、複数のフォルダを扱うことのできる **FolderIteratorオブジェクト** というものです。メソッド名も「getFolder**s**」とFolderが複数形になっていますね。これは、ドライブ上のすべてのフォルダで重複しないIDに対し、フォルダ名は重複する可能性があるからです。

```
DriveApp.getFoldersByName(フォルダの名前);
```

　FolderIteratorクラス のnextメソッドを呼び出すと、FolderIteratorオブジェクトからFolderオブジェクトを1つずつ順番に取り出すことができます。

```
FolderIteratorオブジェクト.next();
```

　それではサンプルスクリプトを見てみましょう。「テスト」フォルダはドライブ上に1つだけ存在するものとします。

getFoldersByNameSample.gs
```
01  function getFoldersByNameSample () {
02    var folders = DriveApp.getFoldersByName("テスト");
03    var folder = folders.next();
04    Logger.log(folder.getName());
05  }
```

　ログを確認しましょう。「テスト」フォルダが取得できました。

```
ログ                                              ×

[20-08-31 15:52:13:298 JST] テスト
```

同じ名前のフォルダが存在する場合

　では、次のようにマイドライブと、そのサブフォルダ内の両方に「テスト」フォルダが存在する場合に、getFoldersByNameメソッドを実行するとどうなるでしょう。

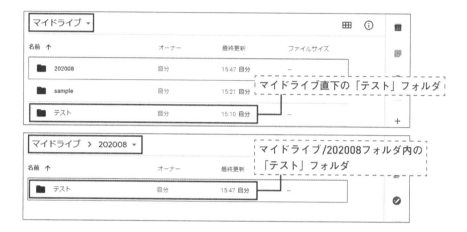

　次のスクリプトを実行して調べてみましょう。

getFoldersByNameTest.gs

```
01  function getFoldersByNameTest () {
02    var folders = DriveApp.getFoldersByName("テスト");
03
04    var folder = folders.next();
05    Logger.log(folder.getId());      取得したフォルダのIDをログ出力
06
07    folder = folders.next();
08    Logger.log(folder.getId());      取得したフォルダのIDをログ出力
09  }
```

　実行結果は次のようになります。マイドライブとサブフォルダの両方の「テスト」フォルダが取得されました。

ログ

サブフォルダ内の「テストフォルダ」のID

[20-08-31 15:49:59:613 JST] ▓▓▓▓▓▓▓▓▓▓▓▓▓▓▓▓▓▓▓
[20-08-31 15:49:59:616 JST] ▓▓▓▓▓▓▓▓▓▓▓▓▓▓▓▓▓▓▓

マイドライブ直下の「テスト」フォルダのID

取得対象のフォルダを限定する

　getFoldersByNameメソッドで、マイドライブ直下のフォルダのみを取得
する場合は、次のようにします。

getFoldersByNameSample2.gs

```
01  function getFoldersByNameSample2 () {
02    var folders = DriveApp.getRootFolder().getFoldersByName("テス
      ト");                                    getRootFolderメソッドを追加
03    var folder = folders.next();
04    Logger.log(folder.getId());
05  }
```

　実行結果は次のようになります。マイドライブ直下の「テスト」フォルダ
のみが取得されました。

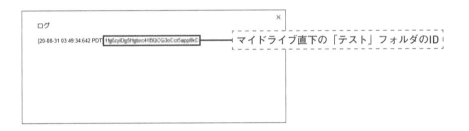

　上のスクリプトで追加した、DriveAppクラスの**getRootFolderメソッド**は、
ルートフォルダ、つまりマイドライブ（フォルダ）を取得して返します（戻
り値の型はFolderオブジェクト）。

`DriveApp.getRootFolder()`

　このgetRootFolderメソッドでマイドライブを取得しておき、それに対し
てgetFoldersByNameメソッドを実行することにより、取得対象をマイドラ
イブ直下のフォルダのみに限定したわけです。

　一方、getFoldersByNameメソッドで、特定のフォルダ内のフォルダのみ
を取得する場合は、次のようにします。

getFoldersByNameSample3.gs

```
01  function getFoldersByNameSample3 () {
02    var folders = DriveApp.getFolderById("XXXXXXXXX").getFolders
      ByName("テスト");
03    var folder = folders.next();
04    Logger.log(folder.getId());
05  }
```

「テスト」フォルダの親フォルダのID

getFolderByIdメソッドを追加

　先ほど紹介したgetFolderByIdメソッドで、特定のフォルダを取得し、それにそれに対してgetFoldersByNameメソッドを実行しています。

　このように、フォルダ名を指定してフォルダを取得する場合は、IDやURLで指定する場合と少し手順が違うということを覚えておきましょう。

◪ getFolderByUrlメソッドは存在しない

　SpreadsheetAppクラスにはopenByUrlメソッドがあるので、URLで指定したスプレッドシートのSpreadsheetオブジェクトを取得できます（P.44参照）。しかし、DriveAppクラスおよびFolderクラスには、URLで指定したフォルダを取得するメソッドはありません。取得したいフォルダのURLがわかっている場合は、URLからIDを調べてgetFolderByIdメソッドを使用しましょう。

032 | フォルダを作成／削除する

　ドライブ上のフォルダの取得については理解できたでしょうか。次はドライブにフォルダを作成してみましょう。

☑ マイドライブ直下にフォルダを作成する

　まずは、マイドライブ直下にフォルダを作成してみましょう。
　DriveAppクラスの**createFolderメソッド**はマイドライブ直下にフォルダを作成します。

```
DriveApp.createFolder(フォルダ名)
```

　サンプルスクリプトを実行すると、「テスト_1」という名前のフォルダが作成されます。

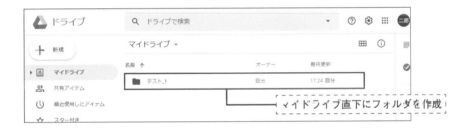

createFolderSample.gs

```
01  function createFolderSample() {
02    DriveApp.createFolder("テスト_1");　──── マイドライブ直下に作成
03  }
```

☑ マイドライブ配下のフォルダ内にフォルダを作る

　次は、マイドライブ配下の特定のフォルダにサブフォルダを作成する方法です。

まずマイドライブ配下のフォルダを取得する必要があります。DriveApp クラスのgetFolderByIdメソッドを使い、IDで指定したフォルダを取得します。

取得したフォルダ内に新規フォルダを作成するには、**Folder**クラスの **createFolderメソッド**を使用します。

```
Folderオブジェクト.createFolder(フォルダ名)
```

Folderオブジェクトで指定したフォルダの中に、引数で指定した名前の新規フォルダを作成します。所属するクラスは異なりますが、使い方は DriveApp.createFolderメソッドと同じです。

サンプルスクリプトを実行すると、IDで指定したフォルダの下に「テスト_2」というフォルダが作成されます。

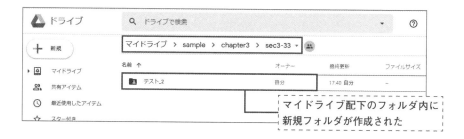

マイドライブ配下のフォルダ内に新規フォルダが作成された

createFolderSample2.gs

```
01  function createFolderSample2() {
02    var folder = DriveApp.getFolderById("XXXXXXXXX"); ─ フォルダを取得
03    folder.createFolder("テスト_2"); ─
04  }
```

取得したフォルダ内に「テスト_2」フォルダを作成

✔ フォルダをゴミ箱に移動する

次に、フォルダをゴミ箱に移動する方法を見てみましょう。

Folderクラスの**setTrashedメソッド**は、対象のフォルダがゴミ箱に存在するかどうかを設定します。引数にはtrueまたはfalseを指定します。

```
Folderオブジェクト.setTrashed(Boolean)
```

つまり、引数にtrueを指定して実行すると、対象のフォルダをゴミ箱に移動します。次のサンプルスクリプトは、マイドライブ直下から「202008」という名前のフォルダを取得し、ゴミ箱に移動しています。

setTrashedSample.gs

```
01  function setTrashedSample() {
02    var targetFolder = DriveApp.getRootFolder().
      getFoldersByName("202008").next();  ──── 対象フォルダを取得
03    targetFolder.setTrashed(true);  ──── 対象フォルダをゴミ箱に移動
04  }
```

⊙033 | ファイルを作成／削除する

■ マイドライブ直下にスプレッドシートを作成する

フォルダの次はファイルを操作してみましょう。はじめに、ドライブ上に
スプレッドシートのファイルを作成する方法を解説します。まずはマイドラ
イブ直下にスプレッドシートを作成しましょう。

スプレッドシートの作成には、Chapter 2で学んだSpreadsheetAppクラス
のメソッドを使います。

SpreadsheetAppクラスの**create**メソッドはマイドライブ直下にスプレッ
ドシートを作成します。引数には作成するスプレッドシートの名前を指定し
ます。

```
SpreadsheetApp.create(スプレッドシート名)
```

サンプルスクリプトを実行すると、マイドライブ直下に「テストファイル
_1」というスプレッドシートが作成されます。

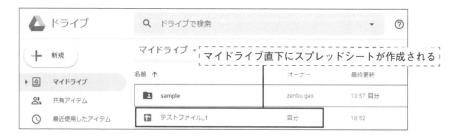

makeSpreadsheetAppSample.gs

```
01  function makeSpreadsheetAppSample() {
02    SpreadsheetApp.create("テストファイル_1");
03  }
```

マイドライブ直下にスプレッドシートが作成される

◪ 指定したフォルダ内にスプレッドシートを作成する

マイドライブ直下ではなく、その配下のフォルダ内にスプレッドシートを作成したい場合もあります。しかし、フォルダを作成する場合と異なり、GASには、**指定フォルダ内にスプレッドシートを作成するというメソッドは用意されていません。**いったんマイドライブにフォルダを作成した後、指定フォルダへ移動させる手順が必要です。

この手順の中で新たに登場するメソッドは以下の通りです。

ファイルの取得

DriveAppクラスの**getFileByIdメソッド**は、引数に指定したIDに一致するファイルを取得します。戻り値はFileオブジェクトです。

```
DriveApp.getFileById(ID)
```

ファイルの移動

Fileクラスの**moveToメソッド**は、対象のファイルを、引数に指定したフォルダに移動します。

```
Fileオブジェクト.moveTo(移動先のフォルダ)
```

次のサンプルスクリプトを実行すると、指定したIDのフォルダ内に「勤務表_吉岡」というスプレッドシートが作成されます。

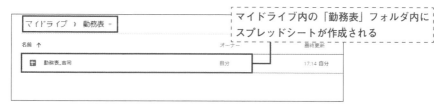

マイドライブ内の「勤務表」フォルダ内にスプレッドシートが作成される

makeFileInFolder.gs

```
01  function makeFileInFolder() {
02    var fileId = SpreadsheetApp.create("勤務表_吉岡").getId();
03    var file = DriveApp.getFileById(fileId);
04    var destination = DriveApp.getFolderById("XXXXXXXXXX");
05    file.moveTo(destination);
06  }
```

マイドライブにスプレッドシート作成、idを取得
スプレッドシートのFileオブジェクトを取得
移動先のフォルダを取得
「勤務表」フォルダにスプレッドシートを移動

はじめに、SpreadsheetAppクラスのcreateメソッドで、いったんマイド ライブ直下にスプレッドシートを作成します。その際、getIdメソッドにより、 作成したスプレッドシートのIDを取得し、変数fileIdに代入しておきます。 続いて、getFileByIdメソッドの引数に、変数fileIdを指定してFileオブジェ クトを取得します。

次に、移動先の「勤務表」フォルダを取得し、変数destinationに代入します。 そして、その変数destinationを引数に指定して、moveToメソッドを実行し ます。これで目的のフォルダ内にスプレッドシートが作成されたことになり ます。

✓ ファイルをゴミ箱に移動する

次に、ファイルをゴミ箱に移動する方法です。

Fileクラスの**setTrashedメソッド**は、Folderクラスの同名メソッドと同じ ように、対象のファイルがゴミ箱に存在するかどうかを設定します。引数に はtrueまたはfalseを指定します。

```
Folderオブジェクト.setTrashed(Boolean)
```

マイドライブ直下のスプレッドシートを、ゴミ箱に移動するサンプルスク リプトを見てみましょう。

setTrashedFileSample.gs

```
01  function setTrashedFileSample() {
02    var targetFile = DriveApp.getRootFolder().getFilesByName("テ
      ストファイル_1").next();  ──────  対象スプレッドシートを取得
03    targetFile.setTrashed(true);  ──────  対象スプレッドシートをゴミ箱に移動
04  }
```

034 | フォルダ内のすべての フォルダ・ファイルの取得と操作

　ここまでで、ドライブ上のフォルダやファイルの取得や作成、削除といった基本的な操作について学んできました。ここからは、フォルダやファイルに対するもう少し高度な操作について見ていきましょう。

　あるフォルダ内に存在する、サブフォルダやファイルをすべて取得し、操作を加える方法を解説します。例えばフォルダ内のファイル（またはサブフォルダ）の名前を一括で変更したい場合などに使えるテクニックです。

☑ フォルダ内のすべてのサブフォルダに対して操作する

　今回のサンプルスクリプトでは、「sec3-34」フォルダの中に存在するサブフォルダをすべて取得し、各フォルダの名前を取得します。

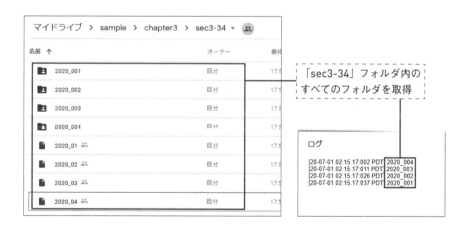

フォルダ内すべてのファイルの取得

　Folderクラスの**getFoldersメソッド**は、対象のフォルダ内のフォルダをすべて取得します。戻り値はFolderIteratorオブジェクトです。

```
Folderオブジェクト.getFolders()
```

繰り返し処理との組み合わせ

次に、getFoldersメソッドで取得したすべてのフォルダのFolderIterator
オブジェクトから、1つ1つのフォルダを取り出して操作していきます。ここ
では、繰り返し処理を行うwhile文と、FolderIteratorクラスのメソッドを組
み合わせて使うのがポイントです。

FolderIteratorクラスの**hasNextメソッド**は、次のフォルダまたはファイ
ルが存在するかどうかを判定します。戻り値はBoolean型で、ファイルが存
在すればtrue、存在しなければfalseを返します。

```
FolderIteratorオブジェクト.hasNext()
```

while文の条件文にこのように書くことで、FolderIteratorオブジェクトに
フォルダが存在する間、繰り返しを継続させます。

```
while (FolderIteratorオブジェクト.hasNext())
```

while文のブロック内ではP.105で学んだnextメソッドを使い、Folder
Iteratorオブジェクトから次のフォルダを取得します。

```
var folder = FolderIteratorオブジェクト.next();
```

そして、取得したフォルダから名前を取得します。

```
folder.getName();
```

それではサンプルスクリプトを見てみましょう。

getFoldersSample.gs

```
01  function getFoldersSample() {
02    var folderList = DriveApp.getFolderById("XXXXXXXXX").   ← 目的のフォルダ内のサブフォルダを全取得
      getFolders();
03
04    while (folderList.hasNext()) {   ← Foledrオブジェクトが存在する間、繰り返しを継続
05      var folder = folderList.next();   ← 次のフォルダを取得
06      Logger.log(folder.getName());   ← 取得したフォルダの名前を出力
07    }
08  }
```

今回は、取得した各サブフォルダに対し、名前の取得を行うだけの単純な
例でしたが、この形を応用して、フォルダのサブフォルダに対してさまざま
な操作を一気に行うことができます。

☑ フォルダ内のすべてのファイルを一気に操作する

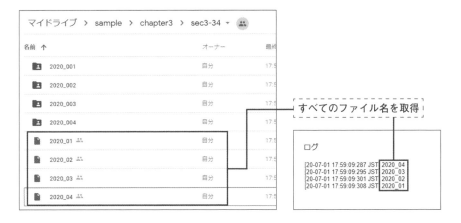

　フォルダ内のすべてのファイルを取得する場合についても、仕組みは同じです。

　Folderクラスの**getFilesメソッドは**、対象のフォルダ内のファイルをすべて取得します。戻り値はFileIteratorオブジェクトです。

```
Folderオブジェクト.getFiles()
```

　FileIteratorクラスのhasNextメソッドは、先ほど使ったFolderIteratorクラスのhasNextメソッドの対象がファイルになっただけです。戻り値はBoolean型です。

```
FileIteratorオブジェクト.hasNext()
```

　FileIteratorクラスのnextメソッドも同様に、FolderIteratorクラスのnextメソッドの対象がファイルになっただけです。戻り値はFileオブジェクトです。

```
FileIteratorオブジェクト.next()
```

　次のサンプルスクリプトを実行すると、指定したIDのフォルダ内にあるファイルの名前を表示します。

getFilesSample.gs

```
01  function getFilesSample() {
02    var fileList = DriveApp.getFolderById("XXXXXXXXX").getFil
      es();                    ─── 目的のフォルダ内のファイルを全取得
03
04    while (fileList.hasNext()) { ─── ファイルが存在する間、繰り返しを継続
05      var file = fileList.next(); ─── 次のファイルを取得
06      Logger.log(file.getName()); ─── 取得したファイルの名前を取得
07    }
08  }
```

ここもポイント | **外部からファイルやフォルダをコピー可能にするには**

本書の「GASサンプル配布用スクリプト.gs」のように、不特定多数がファイルを参照可能にするには、Googleドライブ内のフォルダ（P.96参照）を右クリックして［共有可能なリンクを作成］をクリックします。共有設定を［リンクを知っている全員］にすると、その中のフォルダやファイルに誰でもアクセス可能になります。あとは、ファイルやフォルダのIDを調べれば、makeCopyメソッド（p.119参照）を利用してファイルをコピーできます。

なお、共有してはいけないフォルダを誤って公開しないよう注意してください。

○35 | ファイルをコピーする

✓ ファイルをコピーする

　ファイルをコピーするには、Fileクラスの**makeCopyメソッド**を使います。引数なしで実行した場合、同じフォルダ内に「(元のファイル名) のコピー」という名前でコピーします (元のファイル名と「のコピー」の間には半角スペースが入ります)。

```
Fileオブジェクト.makeCopy()
```

　今回のサンプルでは、コピー元のファイルをファイル名で指定するため、Folderクラスの**getFilesByNameメソッド**を使います。P.105で解説した、getFoldersByNameメソッドの対象がファイルになったもので、対象のフォルダ内から、引数で指定したファイル名のファイルのコレクションを取得します。戻り値はFileIteratorオブジェクトです。

```
Folderオブジェクト.getFilesByName(ファイル名)
```

　サンプルスクリプトを実行すると、指定したIDのフォルダ内にある「テスト」という名前のファイルをコピーします。

copyFileSample.gs

```
01  function copyFileSample() {
02    var folder = DriveApp.getFolderById("XXXXXXXXX");
03    var file = folder.getFilesByName("テスト").next();
04
05    file.makeCopy();
06  }
```

コピー元のファイルがあるフォルダを取得

ファイル名を指定してファイル取得

「テスト のコピー」という名前で同じフォルダにコピーが作成される

ここもポイント │ 同名のファイルに注意

Windowsやmac0SなどのファイルP管理システムと異なり、Googleドライブは、同一フォルダ内に同じ名前のフォルダやファイルを作成することができます。その代わり、すべてのフォルダやファイルには一意のURLおよびIDが与えられて管理されています。getFilesByNameメソッドは、フォルダ内に存在する指定したファイル名のファイルをすべて取得します。従って、指定した名前のファイルが複数存在する場合、後続のnextメソッドで意図したファイルを取得できない場合があるので注意してください。

☑ 名前を指定してファイルをコピーする

　勤務表や報告書など、毎週または毎月同じフォーマットで書類を作成する場合は、ひな形となるファイルからコピーして作ると便利です。

　ここでは、毎月作成する報告書を想定し、ひな形のファイルを「報告書_X月」(Xは当月) という名前でコピーを作成する例を紹介します。

　先ほど紹介したmakeCopyメソッドは、引数に名前を指定することで、指定したファイル名でコピーすることができます。

`Fileオブジェクト.makeCopy(ファイル名)`

　サンプルスクリプトを実行すると、「報告書_テンプレート」とうファイルをコピーして、今月の名前を含むファイルを作成します。

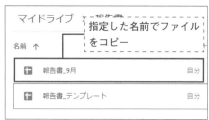

指定した名前でファイルをコピー

copyFileSample2.gs

```
01  function copyFileSample2() {
02    var folder = DriveApp.getFolderById("XXXXXXXXX");
03    var file = folder.getFilesByName("報告書_テンプレート").next();
04    var month = new Date().getMonth() + 1;
05
06    file.makeCopy("報告書_" + month + "月");
07  }
```

コピーするファイルがあるフォルダを取得

ファイル名を指定して
ファイルを取得

指定したファイル名で同じフォルダにコピーが作成される

　「報告書_テンプレート」というファイルから、「報告書_X月」という名前でコピーを作成しています。当月の値をJavaScriptの標準オブジェクトであるDateクラスのgetMounth関数により取得していますが、getMonthで取得した月は0始まりなので、1を加算する必要があることに注意しましょう。

◢ 名前とコピー先を指定してファイルを作成する

　これまではコピー元のファイルと同じフォルダにコピーを作成しましたが、別のフォルダにコピーを作成したい場合もあります。makeCopyメソッドの第2引数にコピー先のフォルダを指定することで、別のフォルダにコピーを作成することができます。

`Fileオブジェクト.makeCopy(ファイル名, コピー先のフォルダ)`

　次のサンプルスクリプトを実行すると、「コピー先フォルダ」内にファイルをコピーします。

マイドライブ ＞ 報告書 ▾	
名前 ↑	オーナー
📁 コピー先フォルダ	自分
📄 報告書_7月	自分
📄 報告書_8月	自分
📄 報告書_9月	自分
📄 報告書_テンプレート	自分

マイドライブ ＞ 報告書 ＞ コピー先フォルダ ▾	
名前 ↑	オーナー
📄 報告書_9月_コピー済	自分

コピー先とは別のフォルダに、指定した名前でコピーが作成される

copyFileSample3.gs

```
01  function copyFileSample3() {
02    var folder = DriveApp.getFolderById("XXXXXXXXX");   ← コピーするファイルがあるフォルダを取得
03    var destination = folder.getFoldersByName("コピー先フォルダ").
      next();   ← コピー先のフォルダを取得
04
05    var month = new Date().getMonth() + 1;
06    var file = folder.getFilesByName("報告書_" + month + "月
      ").next();   ← 当月分のファイル名を指定してファイルを取得
07
08    file.makeCopy(file.getName() + "_コピー済み", destination);   ┐
09                                      ← 指定したファイル名で指定したフォルダにコピー
10  }
```

　コピー元には各月の「報告書_X月」ファイルがあるものとします。そこからgetFilesByNameメソッドとnextメソッドを使って当月分のファイルを取得しています。そしてmakeCopyメソッドにより、元のファイル名に「_コピー済み」という文字列を追加して、「コピー先フォルダ」フォルダにコピーしています。

036 | 条件を指定して ファイルを検索する

getFilesByNameメソッドでは名前が一致するファイルしか取得できませんが、GASではさらにさまざまな条件でファイルを検索することができます。

✓ ファイルを特定の条件で検索する方法

Folderクラスの**searchFilesメソッド**は、フォルダ内を指定した検索条件で検索し、一致したファイルをコレクションとして取得します。戻り値はFolderオブジェクトです。

```
Folder.searchFiles(検索条件)
```

引数には検索条件を定められた書式の文字列で指定します。

また、DriveAppクラスにも**searchFilesメソッド**が用意されています。こちらのメソッドは特定のフォルダではなく、ドライブ内すべてを検索します。

```
DriveApp.searchFiles(検索条件)
```

検索条件の書式

検索条件は検索する項目と演算子を組み合わせた書式で記述します。その一部を掲載します。

項目

項目	説明	使える演算子
title	ファイル名またはフォルダ名	contains, =, !=
fullText	ファイル名またはフォルダ名に加え、説明、内容など、アイテムに紐付くすべてのテキスト	contains
trashed	アイテムがゴミ箱にあるかどうか	=, !=
starred	アイテムにスターが付いているかどうか	=, !=

演算子

演算子	説明
contains	文字列が含まれている
=	等しい
!=	等しくない
and	いずれも真（かつ）
or	いずれかが真（または）
not	偽である（でない）

　例えば、フォルダ内からファイル名に「山田」を含むファイルを検索する場合は次のように記述します。本書の掲載スクリプトでは、原則として文字列を「"」で囲っていますが、次の例のように、検索条件の中に文字列（"山田"）が含まれる場合は、検索条件全体を「'」で囲みます。

```
Folder.searchFiles('title contains "山田"')
```

　複数の検索条件を組み合わせて指定することもできます。ドライブ全体からファイル名に「山田」を含み、かつゴミ箱に入っていないファイルを検索する場合は次のように記述します。

```
DriveApp.searchFiles('title contains "山田" and trashed =
false')
```

　先ほどの表で挙げた以外の項目と演算子や、それらのさらに詳しい説明は公式ドキュメントを参照してください。

- Search query terms
  https://developers.google.com/drive/api/v2/ref-search-terms

☑ ファイル名に特定の文字列を含むファイルを検索する

次のサンプルスクリプトは、指定したフォルダから、ファイル名に「山田」という文字列を含むファイルを検索します。

searchFilesSample.gs

```
01  function searchFilesSample() {
02    var folder = DriveApp.getFolderById("XXXXXXXXX");  ← 検索対象のフォルダを取得
03    var targetFiles = folder.searchFiles('title contains "山田
      "');  ← 「ファイル名に'山田'を含む」を条件にフォルダ内を検索
04
05    while (targetFiles.hasNext()) {
06      Logger.log(targetFiles.next().getName());  ← 取得した結果を確認
07    }
08  }
```

while文でコレクションからファイルオブジェクトを順番に取り出し、ファイル名をログ出力しています。

⊙37 | ファイルからさまざまな 情報を取得する

ここでは、ファイルに含まれる各種情報の取得について解説します。

▉ ファイルのさまざまな情報を取得する

Fileクラスにはファイルのさまざまな情報を取得するメソッドが用意されています。

メソッド	戻り値	説明
getName()	String	ファイル名を取得する
getId()	String	ファイルのIDを取得する
getUrl()	String	ファイルのURLを取得する
getSize()	Integer	ファイルのサイズ（バイト数）を取得する
getDateCreated()	Date	ファイルが作成された日付を取得する
getLastUpdated()	Date	ファイルの最終更新日を取得する

それでは、これらのメソッドを使ったサンプルスクリプトを見てみましょう。

getFileInformationSample.gs

```
01  function getFileInformationSample() {
02    var fileList = DriveApp.getFolderById("XXXXXXXXX").
      getFiles();                                        ← 指定したIDのフォルダ内からすべてのファイルを取得
03    while (fileList.hasNext()) {                         ← ファイルを1つずつ処理
04      var file = fileList.next();
05      var logText = "\nファイル名:" + file.getName();
06      logText += "\nID:" + file.getId();
07      logText += "\nサイズ:" + file.getSize();
08      logText += "\n作成日:" + file.getDateCreated();
09      logText += "\n更新日:" + file.getLastUpdated();    ← 各種情報を取得
10      Logger.log(logText);
11    }
12  }
```

指定フォルダ内のファイルをすべて取得し、各ファイルの情報を取得しています。このようなファイル情報は、GASによりドライブ内のファイルを整理する際に役立ちます。次のセクションではその具体例を紹介します。

⊙38 | ファイル整理を自動化する

　本Chapter最後となる本節では、ここまで学んできたドライブの操作を組み合わせて、少し実用的なスクリプトを作成してみましょう。

◢ 古いファイルを年月ごとのフォルダに整理する

　ここでは、ドライブ上にたまった古いファイルを整理するスクリプトを紹介します。

　このサンプルスクリプトでは、[documents] フォルダ直下のファイルのうち、最終更新日時が現在日時より1カ月以前であるファイルを [old] フォルダ内の年月ごとのフォルダに移動します。下の図が実行前と実行後のフォルダの状態を表したものです（わかりやすいようにファイル名をファイルの最終更新日としました）。

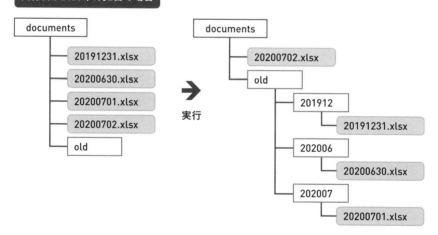

実行日が2020年7月2日の場合

　スクリプトを実行すると、実行日の7月2日の1カ月前である6月2日以前に最終更新されたファイルが移動されます、その際、移動先の [documents/old] フォルダ内には、YYYYMM形式のフォルダが作成され、ファイルはその中に格納されます。

◪ サンプルスクリプトの構造

このサンプルスクリプトはこれまで紹介してきたサンプルとは違い、複数の関数に分けて作成します。各関数の役割について説明します。

organizeFiles関数

起点となる関数です。実行時は、スクリプトエディタからこの関数を指定して実行します。[documents/old] フォルダ内のファイルを調べ、最終更新日が1カ月以前であるファイルを取得します。

createYYYYMMFolder関数

organizeFiles関数から呼び出されます。[documents/old] フォルダを取得し、oldフォルダ内にYYYYMM形式のフォルダ名でフォルダを作成します。

moveFiles関数

ファイルの移動を実行する関数です。organizeFiles関数から呼び出されます。createYYYYMMFolder関数で作成した [old/YYYYMM] フォルダに、移動対象のファイルを移動します。

◪ ライブラリの導入

このサンプルスクリプトでは、 日付データを扱います。 しかし、JavaScriptに標準で用意されているDateクラスにはいまひとつ使い勝手が悪い点があります。

GASでは他のプログラミング言語同様、ライブラリを導入することができます。そこで、今回は日付データの扱いを便利にしてくれる、**Moment**というライブラリを使います。

Momentライブラリの導入

GASでライブラリを使うには、スクリプトエディタからライブラリの導入を行う必要があります。Momentライブラリの導入手順を説明します。

メニューバーの [リソース] をクリックし、メニューから [ライブラリ] をクリックします。

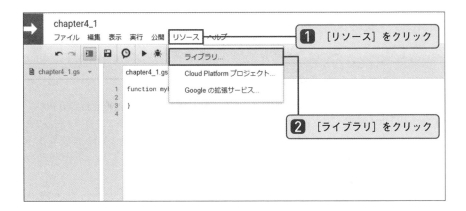

ライブラリの設定画面が表示されます。[Add a library] の欄に、Moment
ライブラリのスクリプトID「MHMchiX6c1bwSqGM1PZiW_PxhMjh3Sh48」
を入力します。本書提供のサンプルスクリプト内にIDのテキストがあるので、
そちらからコピー&ペーストしてください。

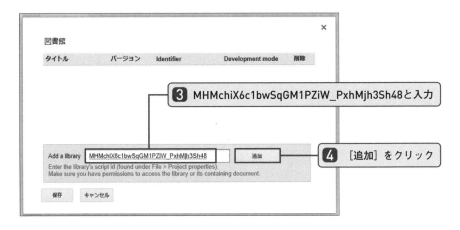

Momentライブラリが表示されます。選択項目がいくつかありますが、[バ
ージョン] については最新のバージョン（図ではバージョン9）を選択して
ください。他の項目はそのままで構いません。

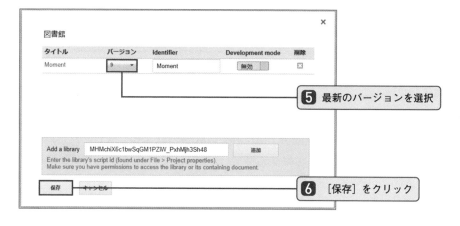

以上でMomentライブラリの導入は完了です。

✓ organizeFiles関数の実装

それではサンプルスクリプトを見てみましょう。まずorganizeFiles関数です。少しずつ解説していきます。

getFilesメソッドでdocumentsフォルダ内のすべてのファイルをコレクションとして取得します。

organizeFiles.gs

```
01  function organizeFiles() {
02    var parentFolder = DriveApp.getFolderById("XXXXXXXXX");
03    var files = parentFolder.getFiles();
...
    }
...
```

> documentsフォルダを取得
> documentsフォルダ内のすべてのファイルを取得

Date関数で現在の日付を取得し、そこから1カ月前の日時を算出します。また、移動対象となるファイルオブジェクトを格納する配列targetFilesと、作成するフォルダ名の文字列を格納する配列folderNamesを用意しておきます。

organizeFiles.gs（続き）

```
01  function organizeFiles() {
02    var parentFolder = DriveApp.getFolderById("XXXXXXXXX");
03    var files = parentFolder.getFiles();
04    var aMonthAgo = new Date();
```

```
05    aMonthAgo.setMonth(aMonthAgo.getMonth() - 1);  ── 1カ月前の日時を取得
06    var targetFiles = [];  ──── 移動対象のファイルオブジェクトを格納する配列
07    var folderNames = [];  ──── 作成するフォルダ名を格納する配列
  ...
}
...
```

　続いて、これまでも使ってきたwhile文とhasNextメソッド、nextメソッドの組み合わせで、documentsフォルダから取得したファイルを1つ1つ調べ、最終更新日が1カ月以上前か否かチェックしていきます。Fileクラスのget LastUpdatedメソッドでファイルの最終更新日を取得します。そして最終更新日と、先ほど求めた1カ月前の日付を比較します。

　もし、最終日が1カ月以上の場合は、6行目で用意した配列targetFilesにそのファイルを格納します。さらに、最終更新日からYYYYMM形式の文字列を生成して、7行目で用意した配列folderNamesに格納します。これは後ほど作成する、移動先のフォルダ名に利用するためです。

　ここでMoment.moment(new Date(lastUpdated)).format("YYYYMM")という記述がありますが、これはMomentライブラリのmomentメソッド、およびformatメソッドを使い、DateオブジェクトをYYYYMM形式のString型データに変換しています。Momentライブラリの使い方について詳しくは、Chapter 4で説明します。

organizeFiles.gs（続き）

```
01  function organizeFiles() {
02    var parentFolder = DriveApp.getFolderById("XXXXXXXXX");
03    var files = parentFolder.getFiles();
04    var aMonthAgo = new Date();
05    aMonthAgo.setMonth(aMonthAgo.getMonth() - 1);
06    var targetFiles = [];
07    var folderNames = [];
08
09    while (files.hasNext()) {
10      var file = files.next();                    ファイルの最終更新日を取得
11      var lastUpdated = file.getLastUpdated();
                            ファイルの最終更新日が1カ月以上前の場合は配列に格納
13      if (lastUpdated.getTime() < aMonthAgo.getTime()) {
14        targetFiles.push(file);
15        folderNames.push(Moment.moment(new Date(lastUpdated)).
    format("YYYYMM"));  ── 最終更新日からYYYYMM形式で文字列を生成して配列に格納
16      }
  ...
```

```
    }
  ...
  }
```

最後に、後続の関数の呼び出しを記述します。createYYYYMMFolderメ
ソッドを呼び出します。引数は配列folderNamesです。さらに、moveFiles
関数を呼び出します。　引数は配列folderNamesと変数parentFolder
（documentsフォルダのFileオブジェクト）です。

organizeFiles.gs（続き）

```
01  function organizeFiles() {
02    var parentFolder = DriveApp.getFolderById("XXXXXXXXX");
03    var files = parentFolder.getFiles();
04    var aMonthAgo = new Date();
05    aMonthAgo.setMonth(aMonthAgo.getMonth() - 1);
06    var targetFiles = [];
07    var folderNames = [];
08
09    while (files.hasNext()) {
10      var file = files.next();
11      var lastUpdated = file.getLastUpdated();
12
13      if (lastUpdated.getTime() < aMonthAgo.getTime()) {
14        targetFiles.push(file);
15        folderNames.push(Moment.moment(new Date(lastUpdated)).
    format("YYYYMM"));
16      }
17    }
18    createYYYYMMFolder(folderNames);    ── createYYYYMMFolder関数を呼び出し
19    moveFiles(targetFiles, parentFolder);  ── moveFiles関数を呼び出し
20  }
  ...
```

◢ createYYYYMMFolder関数の実装

次はcreateYYYYMMFolder関数の実装を見ていきましょう。24行目では、
引数で受け取った配列folderNamesに対して、filter関数で重複を排除し、新
たな変数newListに代入しています。移動元のdocumentsフォルダに、最終
更新日の年月が同じであるファイルが複数存在していた場合、　配列
folderNamesの中身は重複が生じるためです。

続いて、［documents/old］フォルダを取得し、配列newListに格納されている名前でYYYYMMフォルダを作成します。ただし、本スクリプトの実行が2回目以降である場合、［documents/old］フォルダ内には、すでに同名のフォルダが存在する可能性があるので、if文により、同名のフォルダが存在しないか判定してからフォルダを作成しています。

organizeFiles.gs（続き）

```
     ...
22   function createYYYYMMFolder(folderNames) {
23     var newList = folderNames.filter(function (x, i, self) {
24       return self.indexOf(x) === i;
25     });                      ─── 重複を排除する
26
27     var oldFolder = DriveApp.getFolderById("XXXXXXXXX"); ─── [documents/old]フォルダを取得
28
29     for (var i = 0; i < newList.length; i++) {
30       if (!oldFolder.getFoldersByName(newList[i]).hasNext()) {
31         oldFolder.createFolder(newList[i]);   [documents/old]フォルダ
32       }                                       内にすでに同名フォルダ
33     }                                         が存在しないか判定
34   }                     [YYYYMM]フォルダを作成
     ...
```

■ moveFiles関数の実装

次にmoveFiles関数の実装を見ていきましょう。引数で受け取った配列targetFiles（移動対象のファイルが格納されている）の要素数だけ繰り返し処理を実行します。

繰り返し処理の中では、移動対象のファイルの最終更新日時を改めて取得し、［documents/old］フォルダに作成した［YYYYMM］フォルダの中から年月が一致するフォルダを特定し、変数targetFolderに代入します。ここでもorganizeFiles関数と同様に、Momentライブラリのメソッドを使い、DateオブジェクトをYYYYMM形式の文字列に変換しています。［YYYYMM］フォルダを取得できたら、FileクラスのmoveToメソッドの引数に変数targetFolderを指定し、［YYYYMM］フォルダに対象ファイルを移動します。

organizeFiles.gs（続き）

```
 36  function moveFiles(targetFiles, parentFolder) {
 37    var oldFolder = DriveApp.getFolderById("XXXXXXXXX");
 38
 39    for (var i = 0; i < targetFiles.length; i++) {
 40      var lastUpdated = targetFiles[i].getLastUpdated();
 41      var targetFolder = oldFolder.getFoldersByName(Moment.
       moment(new Date(lastUpdated)).format("YYYYMM")).next();
 42      targetFiles[i].moveTo(targetFolder);
 43    }
 44  }
```

... (上部) `[documents/old]フォルダを取得`
(39行目) `最終更新日を改めて取得`
(41行目) `最終更新日と一致する[YYYYMM]フォルダを取得`
(42行目) `[YYYYMM]フォルダに対象ファイルを移動`

3

Googleドライブの自動化

　これで実装は完了です。最後にサンプルスクリプトの全体像を掲載しておきます。実行するときは、スクリプトエディタのドロップダウンから「organizeFiles」を選択して実行してください。

organizeFiles.gs

```
 01  function organizeFiles() {
 02    var parentFolder = DriveApp.getFolderById("XXXXXXXXX");
 03    var files = parentFolder.getFiles();
 04    var aMonthAgo = new Date();
 05    aMonthAgo.setMonth(aMonthAgo.getMonth() - 1);
 06    var targetFiles = [];
 07    var folderNames = [];
 08
 09    while (files.hasNext()) {
 10      var file = files.next();
 11      var lastUpdated = file.getLastUpdated();
 12
 13      if (lastUpdated.getTime() < aMonthAgo.getTime()) {
 14        targetFiles.push(file);
 15        folderNames.push(Moment.moment(new Date(lastUpdated)).
       format("YYYYMM"));
 16      }
 17    }
 18    createYYYYMMFolder(folderNames);
 19    moveFiles(targetFiles, parentFolder);
 20  }
 21
 22  function createYYYYMMFolder(folderNames) {
 23    var newList = folderNames.filter(function (x, i, self) {
 24      return self.indexOf(x) === i;
 25    });
 26
```

```
27    var oldFolder = DriveApp.getFolderById("XXXXXXXXX");
28
29    for (var i = 0; i < newList.length; i++) {
30      if (!oldFolder.getFoldersByName(newList[i]).hasNext()) {
31        oldFolder.createFolder(newList[i]);
32      }
33    }
34  }
35
36  function moveFiles(targetFiles, parentFolder) {
37    var oldFolder = DriveApp.getFolderById("XXXXXXXXX");
38
39    for (var i = 0; i < targetFiles.length; i++) {
40      var lastUpdated = targetFiles[i].getLastUpdated();
41      var targetFolder = oldFolder.getFoldersByName(Moment.
    moment(new Date(lastUpdated)).format("YYYYMM")).next();
42      targetFiles[i].moveTo(targetFolder);
43    }
44  }
```

Chapter

4

Google スプレッドシート
自動化の実践

039 スプレッドシートによる勤怠管理を自動化する

　Chapter 2ではGASによるスプレッドシートの操作について解説しました。そして、Chapter 3ではGASによるGoogleドライブの操作について解説しました。このChapterでは、スプレッドシートとドライブの操作を組み合わせて、より実践的なアプリの作成に挑戦してみましょう。

◪ このChapterで作成するサンプルスクリプトの概要

　社員の勤怠状況をスプレッドシートやExcelで管理している会社は少なくありません。ここでは、スプレッドシートを使って社員の毎日の出退勤時間を管理しているという想定で、**月末の勤務時間の締めを**GASにより**自動化する**サンプルスクリプトを解説します。

　概要を説明します。まず、各社員1人につき1つずつの勤務表スプレッドシートがあります。このスプレッドシートには、毎日の出退勤時間と、月の合計勤務時間が記録されています。出退勤時間の入力は各社員が手動で行う想定とします（この入力作業をWebブラウザからボタンをクリックするだけで行えるようにするサンプルスクリプトをChapter 6で紹介します）。

　このスクリプトを実行すると、各社員の当月の合計勤務時間が、管理者用のスプレッドシートに集約されます。上長や人事部門といった勤怠管理者は、この管理者用スプレッドシートを見るだけで、各社員の勤務時間を把握することができます。

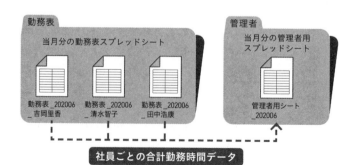

また、各社員の勤務表スプレッドシートをPDF形式で出力する機能も実装します。勤務表を印刷する場合などに便利でしょう。

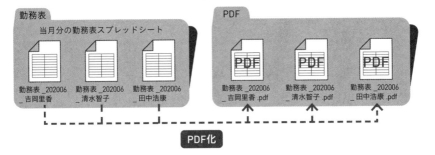

　さらに、翌月分の各社員の勤務表スプレッドシートを自動で作成する機能も実装します。これにより、各社員や管理者が手動で翌月の勤務表を作成する必要がなくなります。

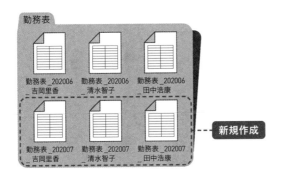

　さて、毎月このスクリプトを実行していると、ドライブ上には次第に過去月の勤務表がたまっていきます。そこで、前月分の勤務表スプレッドシートを別フォルダに移動する機能も実装します。

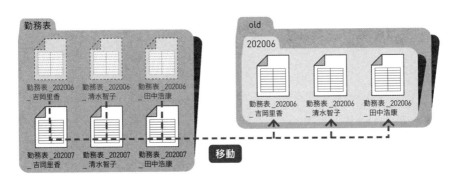

⊙40⊙ フォルダ構成と ファイルの詳細

　今回のサンプルスクリプトは、適切なファイル／フォルダ構成になっていないと動作を確認できません。例としてスクリプト実行前の状態が次の構成になっていると想定します。

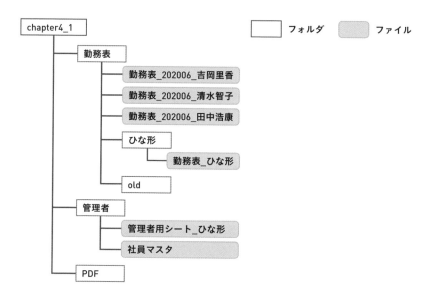

　[chapter4_1] フォルダの直下に、[勤務表] フォルダ、[管理者] フォルダ、[PDF] フォルダがあります。各フォルダの中身について詳しく説明します。

◢ [勤務表]フォルダ

　[勤務表] フォルダは各社員の勤務表スプレッドシートを格納するフォルダです。
　勤務表スプレッドシートは毎月作成されますが、前月の勤務表は自動で別フォルダに移動される仕組みなので、[勤務表] フォルダに存在するのは基本的に当月分のフォルダだけです。

勤務表スプレッドシート

毎日の出退勤時間、勤務時間、月の合計勤務時間が記録されている

［勤務表/ひな形］フォルダ

［勤務表］フォルダ内には2つのサブフォルダがあります。このうち［ひな形］フォルダには、「勤務表_ひな形」（テンプレート）スプレッドシートが格納されています。翌月分の勤務表スプレッドシートを作成する際には、このひな形をコピーして作成します。

「勤務表_ひな形」スプレッドシートは、GASにより自動で毎月の日付や社員名などを入力できるような仕組みにしてあります。

まず、A4〜A34セルの日付欄ですが、最初の2日分だけ仮の日付が入力されています。月の1日目、すなわちA4セルの日付はA1セルの年と、C1セルの月を参照して表示しています。

翌日のA5セルの日付はA4セルの値に1を足した結果を表示しています。

数式"=DATE(A1,C1,1)"が入力されている

数式"=A4+1"が入力されている

141

4日目のA7セル以降は空白になっていますが、A6セルの数式をコピーすれば自動的に適切な日付が表示されます。このような仕組みにしておくことで、セルのコピーの繰り返しで、1日〜月末の日付を入力できるようにしています。

次にシート下部の説明です。A40〜C40セルには社員ID、氏名、合計勤務時間が表示されています。社員IDはA2セル、氏名はB2セルを参照、合計勤務時間はD4〜D34セルの合計を表示しています。GASからこれらのデータを取得しやすいように、この部分にまとめています。なお、合計勤務時間については、合計値（シリアル値）に24をかけて1時間 = 1の値に直しています。

［勤務表/old］フォルダ

　［勤務表］フォルダのもう1つのサブフォルダである［old］フォルダは、初回起動前には空です。2回目の起動以降は、前月の勤務表スプレッドシートをYYYYMM形式のフォルダ名のフォルダを作成して格納します。例えば2020年6月分の勤務表は、［勤務表/old/202006］フォルダに格納されます。

📁 ［管理者］フォルダ

　［管理者］フォルダには、初回起動前は、「管理者用シート_ひな形」スプ

レッドシートと「社員マスタ」スプレッドシートが格納されています。

「管理者用シート_ひな形」スプレッドシートを見てみましょう。このひな形をコピーして管理者用のスプレッドシートを作成します。

ひな形には、社員ID、社員名、合計勤務時間の各列のヘッダー行が用意されているだけです。各行のセルに数式は入力されていませんが、C列は小数点以下の値を2桁で切り上げるように書式設定してあります。

次に「社員マスタ」スプレッドシートを見てみましょう。このスプレッドシートは、全社員の社員IDと氏名が管理されているマスタテーブルのようなものです。

なお、実は社員IDは今回のサンプルスクリプトの処理では使用していません。しかし、社員数が多くなってくると同姓同名の社員の区別など、IDで管理したほうがよいケースも出てくるでしょう。このような改修も想定してIDを用意しています。

■ [PDF]フォルダ

初回起動前は空です。スクリプトを実行すると、当月分の［勤務表］フォルダに格納されている各社員の勤務表スプレッドシートをPDFに変換したものがこのフォルダに格納されます。

041 スクリプトの動作イメージを確認する

　それでは次に、スクリプトの動作順序を説明します。**このサンプルスクリプトは月末日に起動させることを前提にしています。**ここでは2020年の6月30日に起動したものとして説明します。

　スクリプト実行するには、スクリプトエディタのメニューで［実行］-［関数を実行］からmain関数を選択します。

　スクリプトを起動するとまず、［管理者］フォルダの「管理者用スプレッドシート_ひな形」スプレッドシートをコピーして、当月分の管理者用スプレッドシートを「管理者用シート_＜YYYYMM＞」という名前で作成します。今回は「管理者用シート_202006」となります。

	マイドライブ ＞ sample ＞ chapter4_1勤怠管理の自動化 ＞ 管理者 ▾ ≗		
＋ 新規	名前 ↑	オーナー	最終更新
▸ △ マイドライブ	管理者用シート_202006 ≗	自分	17:06 自分
≗ 共有アイテム	管理者用シート_ひな形		
○ 最近使用したアイテム	社員マスタ ≗		
☆ スター付き			
🗑 ゴミ箱			

「管理者用シート_202006」が作成される

　次に各社員の当月分の勤務記録を収集します。［勤務表］フォルダに格納されている、各社員の勤務表スプレッドシートから合計勤務時間のデータを収集し、先ほど作成した管理者用スプレッドシートに集約します。

管理者用シート_202006　☆ 🗁 ☁

ファイル　編集　表示　挿入　表示形式　データ　ツール　アドオン　ヘルプ　最終編

↶ ↷ 🖨 🏳 | 100% ▾ | ¥ % .0 .00 123▾ | デフォルト... ▾ | 10 ▾ | **B** *I*

𝑓ₓ | 社員ID

	A	B	C	D	E	F
1	社員ID	社員名	合計勤務時間			
2	10003	田中浩康	277.50			
3	10002	吉岡里香	277.50			
4	10001	清水智子	281.25			
5						

各社員の6月の合計勤務時間を集約

管理者用スプレッドシートへの勤務時間の集約が完了したら、各社員の勤務表のスプレッドシートをPDFファイルとして［PDF］フォルダに出力します。

　PDF出力が完了したら、［勤務表/old］フォルダの中に［202006］フォルダを作成し、各社員の勤務表のスプレッドシートをその中に格納します。

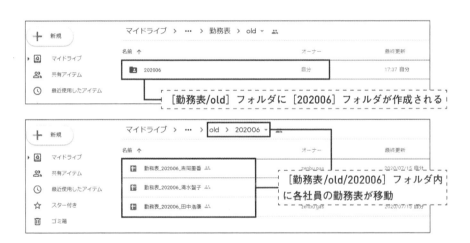

　最後に、翌月分の勤務表のスプレッドシートを、「社員マスタ」に登録されている全社員分作成します。

翌月分の勤務表スプレッドシートは、141ページで解説した状態になって
います。

初回実行後のフォルダとファイルの全体像は次のようになります。太枠で表しているものは、新規作成、または移動されたファイル・フォルダです。

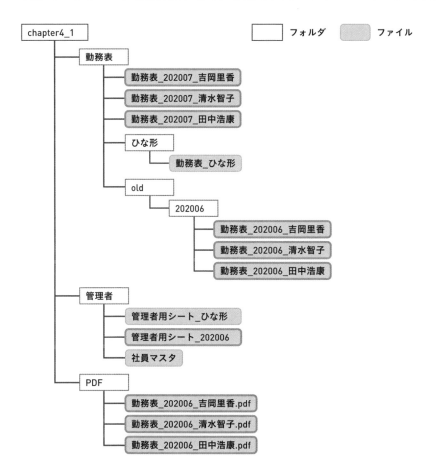

スクリプトの完了後の状態をまとめると、次のようになります。

①[勤務表]フォルダ内に最新月用の勤務表ファイルが作成される。

②[勤務表/old]フォルダ内に古いファイルが待避される。

③[管理者]フォルダに最新月用の管理者用シートが作成される。

④古い勤務表がPDFに変換される。

⊙42 | Momentライブラリで 日付文字列を生成する

　サンプルスクリプトの仕様を説明したところで、ここからはサンプルスクリプトの実装を解説していきます。このサンプルスクリプトでは日付データ（勤務時間）を扱うため、ここでもChapter 3で使ったMomentライブラリを利用します。

◢ Momentオブジェクトの生成

　Chapter 3では簡単に日付文字列を生成しましたが、今回はもう少し細かい使い方をしてみましょう。Momentライブラリは、日時データのフォーマットの整形、比較、加算、減算などの操作を容易に実現するライブラリです。Momentライブラリには、これら操作を行うさまざまなメソッドが用意されていますが、それらを使用するにはまず**Momentオブジェクト**を生成する必要があります。Momentオブジェクトを生成するもっとも基本的な命令は次の通りです。

```
Moment.moment()
```

　このように書くと、現在日時のMomentオブジェクトが生成されます。
　さらに次のように、引数に日時を表す文字列や、Dateオブジェクトを渡してMomentオブジェクトを生成することもできます。

```
Moment.moment("20200901")
Moment.moment(new Date())
```

◢ formatメソッド

　Momentオブジェクトに対して、さまざまなメソッドを使うことで、日時データの操作ができます。**formatメソッドは**Momentオブジェクトを、指定した日時のフォーマットに変換します。
　Chapter 3の129ページを参照し、プロジェクトにMomentライブラリを導入した上で、動作を確認するために次のスクリプトを入力して、メニューの

［実行］→［関数を実行］から1つずつ実行してみてください。コンソールにさまざまな形式で日付を出力します。

formatTest.gs

```
01  function formatTest1() {
02    var m = Moment.moment().format();    引数なしの場合、デフォルトの
                                           フォーマットに変換される
03    Logger.log(m);    ──── 2020-09-17T13:26:27+09:00(値は実行した日時)
04  }
05
06  function formatTest2() {
07    var m = Moment.moment("1999-09-01").format("YYYY年M月D日");
08    Logger.log(m);    ──── 1999年9月1日
09  }
10
11  function formatTest3() {
12    var m = Moment.moment(new Date()).format("YYYY/MM/DD HH:mm:ss");
13    Logger.log(m);    ──── 2020/09/17 14:43:09(値は実行した日時)
14  }
```

formatメソッドの引数に使用できるトークンは次の通りです（一部）。

トークン	フォーマット
YY	2桁の年
YYYY	4桁の年
M	1桁の月（10月以降は2桁）
MM	2桁の月（1月~9月はゼロ埋めされる）
D	1桁の日
DD	2桁の日
ddd	曜日（Mon、Tue……）
dddd	曜日（Monday、Tuesday……）
H	時間（12時間表記）
HH	時間（24時間表記）
m	1桁の分
mm	2桁の分
s	1桁の秒
ss	2桁の秒
a	amまたはpm
A	AMまたはPM

○43 | 勤怠管理スクリプトの実装を見てみよう

それではサンプルスクリプトを見てみましょう。

■ グローバル領域の定数定義

はじめに、グローバル領域で［管理者］フォルダ、［勤務表］フォルダ、［PDF］フォルダの各フォルダのIDを取得して定数に代入します。

chapter4_1.gs

```
01  const adminFolder = DriveApp.getFolderById('XXXXXXXXXX');
02  const timeSheetFolder = DriveApp.getFolderById('XXXXXXXXXX');
03  const pdfFolder = DriveApp.getFolderById('XXXXXXXXXX');
```

［管理者］フォルダを取得

［勤務表］フォルダを取得

［PDF］フォルダを取得

ここもポイント | constとletについて

GASではV8 Runtimeをサポートしたことにより、変数宣言時にconstとletが使用できるようになりました。現在、GASのアプリケーション開発においてはconstとletを使うことが一般的ですので、実践的なアプリ開発を念頭に置いたこのChapter 4、Chapter 6では変数の宣言はconstとletを使っていきます。constとletの使い分けについては、再代入を行わないものについてはすべてconstで宣言しています。

■ main関数の実装

次にmain関数を定義します。このmain関数から各関数を順番に呼び出します。従って、実行の際には、スクリプトエディタから、このmain関数を選択して実行します。

chapter4_1.gs（続き）

```
    ...
05  function main() {
06    const adminFileId = createAdministratorFile();
```

管理者用スプレッドシートを作成

```
07    const data = getDataFromEmployeeFiles();   各社員の勤務データを収集
08    writeDataToAdminSheet(adminFileId, data);
09    exportPdf();   各社員の勤務表をPDF出力        管理者シートに勤務データを集約
10    movePastFiles();   各社員の勤務表をold/YYYYMMフォルダに移動
11    makeEmployeeFiles();   翌月分の勤務表シートを作成
12
13    Logger.log("処理終了");
14 }
```

◢ createAdministratorFile関数の実装

次に、createAdministratorFile関数を見てみましょう。管理者用スプレッドシートの名前を生成、ひな形スプレッドシートをコピーします。最後に、戻り値としてファイルのIDを返します。

chapter4_1.gs（続き）

```
   ...
16 function createAdministratorFile() {
17    const adminSheetName = '管理者用シート_' +  Moment.moment().
   format("YYYYMM");   ファイル名「管理者用シート_202006」を生成
18    const fileId = adminFolder.getFilesByName("管理者用シート_ひな形
   ").next().makeCopy(adminSheetName).getId();
19                    管理者用シート_ひな形スプレッドシートをコピー、リネーム
20    return fileId;   idを返却
21 }
```

◢ getDataFromEmployeeFiles関数の実装

各社員の勤務表スプレッドシートからデータを取得します。各勤務表のA40:C40（社員IDや勤務時間の合計値が入力されたセル範囲）から値を取得し、配列dataに格納します。getValuesメソッドの戻り値は2次元配列になりますが、1人分は1次元配列にしたほうが扱いやすいので変換します。JavaScriptでは、次の文で2次元配列を1次元配列にできます。

```
Array.prototype.concat.apply([], 2次元配列);
```

1次元配列をpushしていくと、最終的に全員のデータが配列dataに格納されます。それを呼び出し元に戻しています。

chapter4_1.gs（続き）

```
     ...
23   function getDataFromEmployeeFiles() {
24     const files = timeSheetFolder.getFiles();
25     const data = [];
26
27     while (files.hasNext()) {
28       const file = files.next();
29       const sheet = SpreadsheetApp.open(file).getActiveSheet();
30       data.push(Array.prototype.concat.apply([], sheet.
     getRange("A40:C40").getValues()));
31     }
32     return data;
33   }
```

セル範囲からデータを取得、1次関数に加工して代入

☑ writeDataToAdminSheet関数の実装

　管理者用スプレッドシートに各社員の勤務時間を書き込みます。管理者用スプレッドシートを開き、getRangeメソッドでデータを書き込むセル範囲を取得していますが、この際、行数は配列dataの長さ（＝取得した勤務データの数）、列数は配列dataのインデックス0番目に格納されている配列の長さ（＝各勤務データの項目数）とします。

chapter4_1.gs（続き）

管理者用スプレッドシートシートを開き、アクティブなシートを取得

```
     ...
35   function writeDataToAdminSheet(adminFileId, data) {
36     const adminSheet = SpreadsheetApp.open(DriveApp.
     getFileById(adminFileId)).getActiveSheet();
37     const range = adminSheet.getRange(2, 1, data.length,
     data[0].length);
38     range.setValues(data);
39   }
```

勤務データを入力するセル範囲を取得
取得したセル範囲に勤務データを入力

☑ exportPdf関数の実装

　各社員の勤務表スプレッドシートをPDFファイルとして出力します。

　GASでスプレッドシートをPDFファイルとして出力するには、**Blobオブジェクト**というものを利用します。GASのBlob（オブジェクト）は、公式リファレンスによると、**データ交換のためのオブジェクト**と説明されています。Blobオブジェクトを生成するには、形式を指定できるgetAsメソッドか、指定できないgetBlobメソッドを使用します。

　Fileクラスの**getAsメソッド**では、引数に変換先のコンテンツタイプ（デ

ータ形式を表す文字列）を指定します。

```
Fileオブジェクト.getAs(コンテンツタイプ)
```

　取得したBlobオブジェクトをファイルとして保存するには、Folderクラス、またはDriveAppクラスの**createFileメソッド**を使用します。

```
Folderオブジェクト.createFile(Blobオブジェクト)
```

　以下はPNG形式の画像をJPG形式に変換する例です。

```
01  function convertImageIntoJPEG() {
02    var file = DriveApp.getFilesByName('写真.png').next();
03    var blob = file.getAs('image/jpeg');
04    DriveApp.getFolderById('XXXXXXXXXX').createFile(blob);
05  }
```
コンテンツタイプ image/jpeg のBlobオブジェクトとして取得

　同じように、BMP形式、GIF形式についても相互に変換を行うことができます。
　このように画像ファイルはさまざまな形式に変換できますが、**スプレッドシートを含めた多くのファイルの場合、変換先のコンテンツタイプはPDFに限られます。**そのため、コンテンツタイプを指定せずに単にBlobオブジェクトとして取得する、Fileクラスの**getBlobメソッド**を使えば、その時点で自動的にコンテンツタイプは「application/pdf」に変換されます。

```
Fileオブジェクト.getBlob()
```

　今回のサンプルスクリプトではgetBlobメソッドを使用してスプレッドシートからPDF形式への変換を行います。

chapter4_1.gs（続き）

```
    ...
41  function exportPdf() {
42    const files = timeSheetFolder.getFiles();
43
44    while(files.hasNext()) {
45      const file = files.next();
46      const blob = file.getBlob();
47      pdfFolder.createFile(blob);
48    }
49  }
```
[勤務表]フォルダからすべての勤務表スプレッドシートを取得
Blobオブジェクトとして取得（この時点でコンテンツタイプがPDFになる）
ファイルとして出力

　翌月分の各社員の勤務表スプレッドシートを作成します。各社員のスプレ

ッドシートは「勤務表_ひな形」スプレッドシートからコピーして作成します。

☑ makeEmployeeFiles関数

まず勤務表スプレッドシートの名前の年月部分をYYYYMM形式で生成します。今回は「202007」となります。次に「社員マスタ」スプレッドシートから全社員の社員データを取得します。そして翌月の日数を取得します。こまで用意ができたら、社員マスタから取得した社員データの数だけ繰り返し処理を行います。翌月の年月、社員データから取得した社員名から新しい勤務表スプレッドシートを作成します。新しい勤務表スプレッドシートには、年月、社員ID、社員名を入力します。最後に、A5セル（数式"=A4+1"が入力されている）を月の日数分行方向にコピーします。これにより、月末までの日付が入力されます。

chapter4_1.gs（続き）

```
...
51  function makeEmployeeFiles() {                          翌月の年月をYYYYMM形式で生成
52    let year = Moment.moment().add(1, "month").format("YYYY");
53    const nextMonthStr = Moment.moment().add(1, "month").
      format("MM");
54    const yyyymm = year + nextMonthStr;
55
56    const empMasterFile = SpreadsheetApp.open(adminFolder.
      getFilesByName("社員マスタ").next());
57    const empMasterSheet = empMasterFile.getActiveSheet();
58    const empData = empMasterSheet.getRange(2, 1,
      empMasterSheet.getLastRow() - 1, empMasterSheet.
      getLastColumn()).getValues();          社員マスタスプレッドシートからデータを取得
59
60    const nextMonth = new Date().getMonth() + 2;          翌月の日数を取得
61    const monthDays = new Date(nextMonthStr, nextMonth,
      0).getDate();
62                           社員マスタから取得したレコードの数だけ繰り返し処理
63    for (let i = 0; i < empData.length; i++) {
64      const empId = empData[i][0];
65      const empName = empData[i][1];          新しい勤務表スプレッドシート
66                                               の名前を作成
67      const newFileName = "勤務表_" + yyyymm + "_" + empName;
68      const templateFolder = DriveApp.
      getFolderById('XXXXXXXXXX');          勤務表＞ひな形フォルダを取得
69      const newFileId = templateFolder.getFilesByName("勤務表_ひな
      形").next().makeCopy(newFileName, timeSheetFolder).getId();
70
```

```
71    const newFile = SpreadsheetApp.openById(newFileId).
   getActiveSheet();  ── 新しい勤務表スプレッドシートを開く     A1セルに年を入力
72    newFile.getRange("A1").setValue(year);  ──            C1セルに翌月の月
73    newFile.getRange("C1").setValue(nextMonth);  ──       を入力
74    newFile.getRange("A2").setValue(empId);  ── A2セルに社員IDを入力
75    newFile.getRange("B2").setValue(empName);  ── B3セルに社員名を入力
76    const a5Cell = newFile.getRange("A5");
77
78    const row = 4;
79    for (let i = 1; i < monthDays; i++) {
80      const range = newFile.getRange(row + i, 1, 1, 1);──
81      a5Cell.copyTo(range);           A5セルを月の日数分コピー
82    }
83  }
84 }
```

4
·······
Googleスプレッドシート自動化の実践

■ movePastFiles関数の実装

　最後に当月分の勤務表スプレッドシートを、[勤務表/old/YYYYMM] フォ
ルダに移動します。[勤務表/old] フォルダを取得し、oldフォルダ内に
YYYYMM形式の名前でフォルダを作成します。今回は「202006」となりま
す。
　[勤務表] フォルダから勤務表スプレッドシートをすべて取得し、[勤務
表/old/YYYYMM] フォルダに移動します。

chapter4_1.gs（続き）

```
   ...                          [勤務表/old]フォルダを取得
86 function movePastFiles() {
87   const oldFolder = DriveApp.getFolderById("XXXXXXXXXX");──
     const yyyymmFolder = oldFolder.createFolder(Moment.moment().
88 format("YYYYMM"))  ──── 当月分のYYYYMMフォルダを作成
89
90   const files = timeSheetFolder.getFiles();
91
92   while (files.hasNext()) {
93     const file = files.next();
94     file.moveTo(yyyymmFolder);
95   }
96 }
```

　これでサンプルスクリプトは完成です。

044 | 請求書作成を自動化する

　次は請求書作成を自動化するサンプルスクリプトを紹介しましょう。請求日が到来した請求書を作成するという、手作業で行うとなかなか手間のかかる一連の作業を自動化します。

◪ サンプルスクリプトの概要

　まずはサンプルスクリプトの概要を説明しましょう。

　このサンプルスクリプトでも、スプレッドシートをデータベース代わりに使います。まず、請求する品目、単価、数量、小計、請求日、支払期限といった請求データを「**請求データ**」スプレッドシートに入力しておきます。このスプレッドシートから請求日が到来した品目を抜き出して、請求書のフォーマットに自動で入力して請求書を作成します。

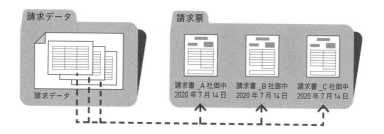

　請求書を請求先にメールで送る際、または印刷して郵送する際はPDF化されているほうがよいでしょう。このサンプルスクリプトでは作成した請求書スプレッドシートをPDFファイルとして出力します。

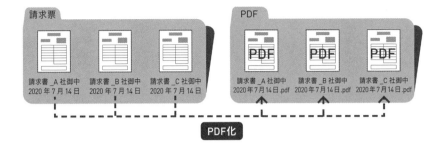

　実行を繰り返すと、［請求書］フォルダには次第に過去の請求書がたまっていきます。そこで、実行時に1カ月以上前の請求書のスプレッドシートを別フォルダに移動する機能も実装します。例えば、2020年7月14日の実行時には、［請求書］フォルダに存在する2020年6月13日以前の請求書のスプレッドシートを別フォルダに移動します。

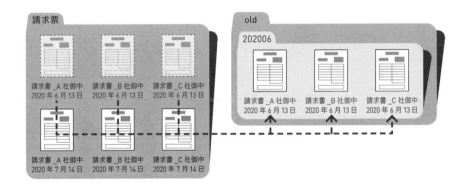

045 | フォルダ構成と ファイルの詳細

サンプルスクリプトの概要はつかめたでしょうか。それではもう少し具体的にサンプルスクリプトについて説明していきます。初回起動前のフォルダ・ファイルの詳細は次の通りです。

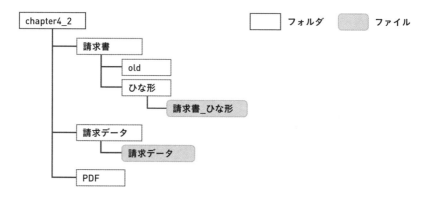

［chapter4_2］フォルダの直下に、［請求書］フォルダ、［請求データ］フォルダ、［PDF］フォルダがあります。各フォルダの中身について詳しく説明します。

◤［請求書］フォルダ

［請求書］フォルダは作成した請求書スプレッドシートを格納するフォルダです。初回起動前には請求書スプレッドシートは格納されておらず、サブフォルダの［ひな形］フォルダと［old］フォルダのみが格納されています。

［請求書/ひな形］フォルダ

請求書のひな形スプレッドシートが格納されています。このひな形をコピーして請求書を作成します。請求書のひな形スプレッドシートについて、解説します。

請求書スプレッドシートは、以下の4つのシートから構成されています。

- **請求書シート**

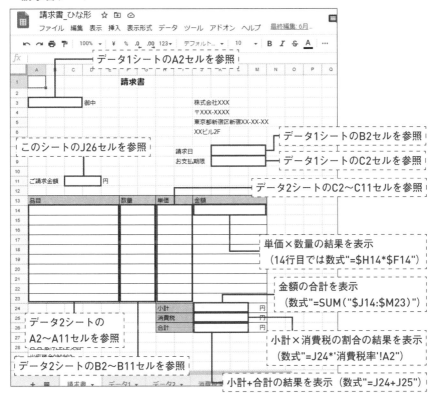

請求書本体のひな形シートです。宛名、請求金額、品目、数量、単価、合計金額などの項目を記載する欄が設けられています。ただし、**スクリプトからはこのシートには直接データの入力は行いません**。これらのデータは、続けて説明するデータ1、データ2、消費税率の各シートに入力したデータを数式で参照、またはそれらのセルの値どうしを数式で計算した結果を表示するようにしています。

- **データ1シート**

データ1シートは、請求書シートに表示される項目のうち、請求先名と請求日、支払日のデータ元となるシートです。

159

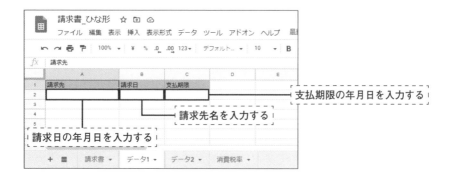

- **データ2シート**

　データ2シートは、請求書シートの請求項目欄に表示される品目、数量、単価のデータ元となるシートです。

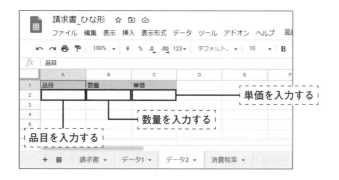

- **消費税率シート**

　消費税率シートは、請求書シートの消費税欄の値（小計（単価の合計）×消費税率）のデータ元となるシートです。A2セルに消費税率を表す0.1が固定値として入力されています。将来消費税率が変更された場合は、この値を変更することで対応できます。

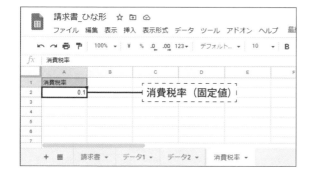

[請求書/old] フォルダ

　[請求書] フォルダに格納されている請求書スプレッドシートのうち、請求日が1カ月以上前の請求書を移動するフォルダです。[請求書/old] フォルダの直下に、さらにYYYYMM形式のフォルダ名でフォルダを作成して格納します。例えば、請求日が2020年6月13日の請求書スプレッドシートは [請求書/old/202006] フォルダに格納されます。

☑ [請求データ]フォルダ

　[請求データ] フォルダには、請求データスプレッドシートが格納されています。このスプレッドシートは請求書スプレッドシートの各シートのデータ元であり、請求に関するデータが記録されています。請求データスプレッドシートは1つだけ存在し、請求先ごとにシートが分けて作成されています。請求先名がシート名となっており、例えば株式会社GASの請求データは「株式会社GAS」シートに記録されています。

　各シートの項目（カラム）は次の通りです。

- **品目**
- **単価**
- **数量**
- **小計**
- **請求日**
- **支払期限**

「請求データ」スプレッドシート

「1行ずつ請求する品目が記録されている」

「請求先ごとにシートが別れている」

◪ [PDF]フォルダ

[PDF] フォルダには請求書スプレッドシートをPDFファイルとして出力したファイルが格納されます。初回実行前は空です。

046 | スクリプトの動作イメージを確認する

それではサンプルスクリプトの動作順序を説明します。まず前提として、このスクリプトは、**毎日9時〜10時の間に1回、自動で起動する**ものとします。自動で起動する方法については、P.171で解説します。手動で実行する場合は、[実行]-[関数を実行]からcreateInvoice関数を選択します。また、対象となるのは「請求日が本日のデータ」なので、**「請求データ」スプレッドシートの請求日の一部を今日の日付に変更してから実行**してください。

☑ 請求データの抽出

最初に、[請求データ/請求データ]スプレッドシートから請求データを取得します。今回はサンプルデータとして「株式会社GAS」「example株式会社」「株式会社できる全部入り」の3シートを作成しデータを登録しておきます。各シートの請求データのうち、請求日が当日のものを抽出します。

株式会社GASシート

株式会社GASシートへの請求データです。その中で請求日（E列）が本日の日付である行を対象とします。

請求対象のデータ（4行）

example株式会社シート

example株式会社シートへの請求データです。

	A	B	C	D	E	F
1	品目	単価	数量	小計	請求日	支払期限
2	鉛筆	120	50	6000	2020/06/30	2020/07/30
3	下敷き	100	40	4000	2020/06/30	2020/07/30
4	定規	210	100	21000	2020/06/30	2020/07/30
5	チョコレート	120	30	3600	2020/06/13	2020/07/13
6	ソーセージ	400	500	200000	2020/06/13	2020/07/13
7	コーラ	240	302	72480	2020/06/13	2020/07/13
8	水素水	400	500	200000	2020/07/14	2020/08/14
9	ダンベル	2200	20	44000	2020/07/14	2020/08/14
10	ヨガマット	4500	30	135000	2020/07/14	2020/08/14
11	血圧計	5000	4	20000	2020/07/14	2020/08/14
12						
13						請求対象のデータ（4行）

株式会社GAS　example株式会社　株式会社できる全部入り

株式会社できる全部入りシート

株式会社できる全部入りシートへの請求データです。このシートには請求日が本日であるデータは存在しません。従って、今回は株式会社できる全部入り宛ての請求書は作成されません。

	A	B	C	D	E	F
1	品目	単価	数量	小計	請求日	支払期限
2	ミネラルウォーター	220	120	26400	2020/06/12	2020/07/11
3	封筒	20	500	10000	2020/06/12	2020/07/11
4	ボールペン	170	250	42500	2020/06/12	2020/07/11
5	コピー用紙	560	120	67200	2020/06/13	2020/07/13
6	ラップ	240	30	7200	2020/06/13	2020/07/13
7	キッチンペーパー	300	140	42000	2020/06/14	2020/07/13
8	消臭剤	450	21	9450	2020/06/14	2020/07/13
9						
10						
11						
12						
13						

株式会社GAS　example株式会社　株式会社できる全部入り

▚ 請求書の作成

請求データを抽出したら、請求書の作成に移ります。

請求書の作成は請求先ごとに行い、[請求書/ひな形] フォルダ内の「請求書_ひな形」スプレッドシートをコピーして、請求書のスプレッドシートを作成します。名前は「請求書_ [請求先名] 御中_ [YYYYMMDD]」の形式です。例えば、株式会社GAS宛ての場合は「請求書_株式会社GAS_2020年7月14日」となります。そして、データ1、データ2シートに請求データの各項目の値を入力します。

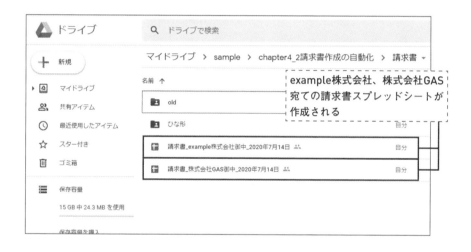

「請求書_example株式会社_2020年7月14日」スプレッドシートを確認してみましょう。まず、本体である請求書シートです。各項目がデータ1シート、データ2シートの参照、またセルどうしの計算結果として表示されています。

データ1シートです。請求データのスプレッドシートから取得した請求先、請求日、支払期限が入力されています。

　データ2シートです。同じく請求データのスプレッドシートから取得した品目、数量、単価が入力されています。

PDFファイルの出力

　続けて請求書のPDF出力を行います。作成した各請求書スプレッドシートの請求書シートを［PDF］フォルダにPDF出力します。

ドライブのプレビューでPDFファイルを確認してみましょう。請求書スプレッドシートの内容が出力されていることがわかります。

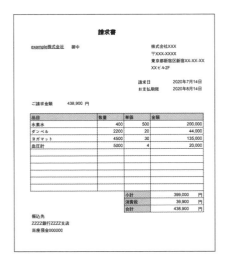

古い請求書の移動

[請求書フォルダ] に存在する請求書スプレッドシートのうち、起動当日より1カ月以上前のものを [old] フォルダ下のYYYYMM形式のフォルダに移動します。

実行前のフォルダの状態

ここでは、[請求書] フォルダに2020年5月14日と2020年6月13日の請求書スプレッドシートが格納されている前提とします。なお、本来は毎日スクリプトが起動するため、このように前月のファイルが残っていることはありえませんが、スクリプトの動作を確認するためこのような状態で実行してみます。

また、今回は［請求書/old］フォルダには［202005］フォルダはすでに存在しており、［202006］フォルダはまだない状態で実行してみます。

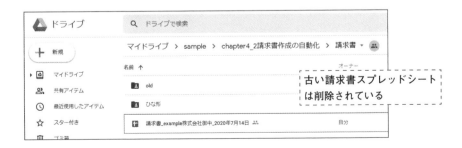

■ 実行結果

それではサンプルスクリプトを実行し、結果を確認してみましょう。

実行後の［請求書］フォルダを見ると、本日付の請求書スプレッドシートが出力され、2020年5月14日と2020年6月13日の請求書スプレッドシートは削除されていることが確認できます。

古い請求書スプレッドシートは削除されている

［請求書/old］フォルダです。実行前から存在していた［202005］フォルダに加え、［202006］フォルダが新たに作成されています。

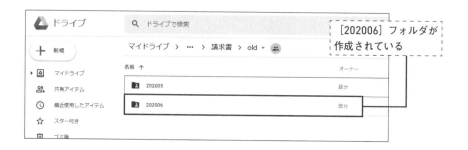

［請求書/old/202005］フォルダ、および［202006］フォルダの中を確認してみましょう。それぞれ、2020年5月14日と2020年6月13日の請求書スプレッドシートが格納されています。

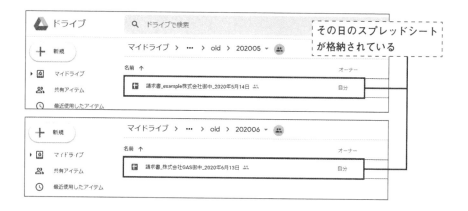

このように、過去の請求書スプレッドシートの移動においては、すでに当該年月のフォルダが存在する場合はそのフォルダに移動し、存在しない場合にはフォルダを作成して移動します。

なお、本来はPDFファイルも請求書スプレッドシートと同様にアーカイブするのが自然ですが、請求書スプレッドシートのアーカイブと同じような処理を書くことになるため、紙面の都合上、今回この機能の実装は割愛します。

○47 | 毎日自動的に スクリプトを実行する

　このサンプルスクリプトは毎日起動することを想定しています。しかし、毎回ブラウザでスクリプトエディタを開き手動でスクリプトを実行するのは大変です。GASには、**トリガー**という機能があり、これにより設定した周期において自動でスクリプトを実行することができます。

■ 2種類のトリガー

　GASのトリガーには、大きく2つの種類があります。1つ目は**シンプルトリガー**と呼ばれるトリガーです。このトリガーは、定められた名前の関数（予約済み関数）をスクリプトに書くことで、特定のイベントが発生した際に実行してくれます。例えば、**onOpen関数**は、ユーザーがスプレッドシートを開いた時に実行される関数です。ブラウザ用のJavaScriptでいえば、「イベント」に使い方が似ています。

onOpen関数をコンテナバインド
スクリプトに記述

スプレッドシートを開いた際
に実行される

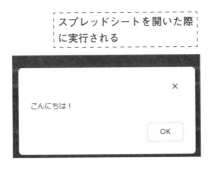

　もう1つは**インストーラブルトリガー**です。シンプルトリガーは関数名で実行タイミングなどが決まってしまいますが、インストーラブルトリガーでは「どの関数をいつ実行するか」を自由に指定することができます。インストーラブルトリガーは、トリガーの設定画面から各種設定を行って設置します。

設定画面から各種設定を行う

　インストーラブルトリガーには、例えばシンプルトリガーにはない以下のような特徴があります。

- **実行する関数を任意に設定できる(シンプルトリガーと同様)**
- **時間駆動(Time-driven)トリガーを使用できる**

　今回はインストーラブルトリガーの時間駆動トリガーを使い、サンプルスクリプトが毎日決まった時間に実行されるように設定します。

時間駆動トリガーのタイプ

タイプ	実行タイミング
特定の日時	指定した日時に実行（YYYY-MM-DD HH:MM形式）
分ベースのタイマー	1分・5分・10分・15分・30分おきに繰り返し実行
時間ベースのタイマー	1時間・2時間・4時間・6時間・8時間・12時間おきに繰り返し実行
日付ベースのタイマー	毎日指定した時間帯に実行
週ベースのタイマー	毎週指定した曜日の指定した時間帯に実行
月ベースのタイマー	毎月指定した日の指定した時間帯に実行

　注意が必要なのは、時間・日付・週・月ベースのタイマーにおいて、実行される時間をピンポイントで指定することはできない点です。例えば「午前0時〜1時」といったようなおおよその時間帯で指定することしかできません。

☑ インストラーブルトリガーの設定

　それではサンプルスクリプトにインストラーブルトリガーを設定してみましょう。インストラーブルトリガーの設定はスクリプトエディタから行います。メニューの［編集］をクリックします。スクリプトは事前に入力（もしくはダウンロードサンプルからコピー）してください。

1 ［編集］をクリック

2 ［現在のプロジェクトの
トリガー］をクリック

　プロジェクトのトリガー画面が開きます。今はまだ1つもトリガーが設定されていません。トリガーを追加しましょう。

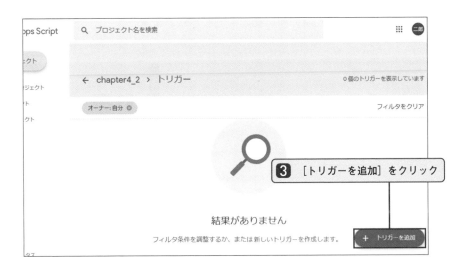

3 ［トリガーを追加］をクリック

実行する関数を選択します。［実行する関数を選択］からmain関数を選択します。［日付ベースのタイマー］を選択します。

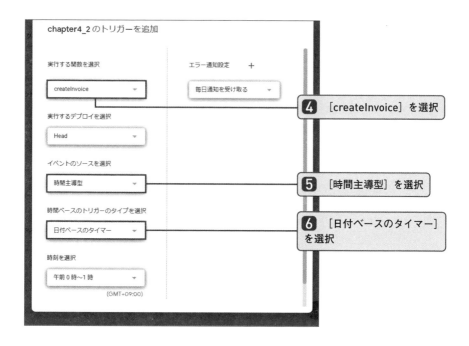

すると、下に［時刻を選択］という項目のドロップダウンメニューが出現します。今回は9時～10時の間に起動するようにします。

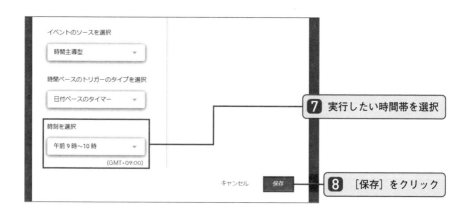

これでインストーラブルトリガーの設定は完了です。

ここもポイント | スクリプトでトリガーの設定

今回は設定が簡単なトリガー画面からの設定を紹介しましたが、スクリプトで設定
することもできます。この方法では、**スクリプトを見ればどのようなトリガーが設
定されているのか把握できる**という利点があります。トリガー画面からインストー
ラブルトリガーを設定した場合、スクリプトの作成以外は、トリガー画面を開かな
ければトリガーの内容はおろか、そもそもトリガーが設定されているのかどうかも
わからないのです。
スクリプトによるインストラーブルトリガーの設定方法については、公式リファレ
ンスを参照してください。

https://developers.google.com/apps-script/guides/triggers/installable#managing_
triggers_programmatically

⊙048 | 請求書集計スクリプトの実装を見てみよう

■ グローバル変数(定数)の宣言

それではサンプルスクリプトの実装を見てみましょう。最初に、各フォルダのFolderオブジェクトは始めにグローバル領域で取得し、定数に代入しておきます。また、Momentライブラリのmomentオブジェクトも定数に代入しておき、今後の記述が短くて済むようにしておきます。

chapter4_2.gs

```
01  const m = Moment.moment();
02  const invoiceFolder = DriveApp.getFolderById("XXXXXXXXXX");   ← [請求書]フォルダ
03  const invoiceFomatFolder = DriveApp.getFolderById("XXXXXXXX
    XX");  ── [請求書/ひな形]フォルダ
04  const oldFolder = DriveApp.getFolderById("XXXXXXXXXX");   ← [請求書/old]フォルダ
05  const dataFolder = DriveApp.getFolderById("XXXXXXXXXX");
06  const pdfFolder = DriveApp.getFolderById("XXXXXXXXXX");
```

[PDF]フォルダ　[請求データ]フォルダ

■ createInvoice関数

順番が前後しますが、先にcreateInvoice関数を見てみましょう。この関数は請求書作成の準備～請求書作成関数の呼び出し～PDF出力関数の呼び出しを行います。

この関数は、2つの繰り返し処理が入れ子になっています。まず[請求データ]フォルダから請求データのスプレッドシートを取得し、そのシートの数、つまり請求先の数だけ繰り返し処理を行います。これをループ①とします。

ループ①の中では、[請求先名]シートから請求日が本日であるデータを抽出します。そのために、シートに登録されているデータの数だけ繰り返し、該当するデータを変数targetRowsの配列に追加します。これをループ②とします。

ループ②が終わると、変数targetRowsに請求書を送るべきデータが追加されています。それを元にして、請求書スプレッドシートの作成を行うwriteToInvoiceFile関数を呼び出します。

writeToInvoiceFile関数の実行が終了したら、請求書のPDF出力を行うため、exportPdf関数を呼び出します。

chapter4_2.gs（続き）

```
08  function createInvoice() {
09    const file = dataFolder.getFilesByName("請求データ").next();
10    const dataSpreadSheet = SpreadsheetApp.open(file);
11    const dataSheets = dataSpreadSheet.getSheets();
12
13    for (let i = 0; i < dataSheets.length; i++) {
14      const dataSheet = dataSheets[i];
15      const dataList = dataSheet.getRange(2, 1, dataSheet.
      getLastRow() - 1, dataSheet.getLastColumn()).getValues();
16      const targetRows = [];
17
18
19      for (let i = 0; i < dataList.length; i++) {
20        const billingDate = new Date(dataList[i][4]);
21
22        if(m.isSame(billingDate, 'days')) {
23          targetRows.push(dataList[i]);
24        }
25      }
26
27
28      if (0 < targetRows.length) {
29        const sheetName = dataSheet.getName();
30        const createdInvoice = writeToInvoiceFile(targetRows,
      sheetName);
31
32
33        exportPdf(createdInvoice);
34      }
35    }
36  }
```

- 09: [請求データ]フォルダから請求データスプレッドシートを取得
- 13: ループ①
- 15: 請求データが入力されているデータ範囲を取得
- 18: データの数だけ繰り返し処理：ループ②
- 20・21: データから請求日（4列目のセル）を取得
- 23・24: 請求日が本日のデータは配列に格納しておく
- 27: 請求対象の行が1行以上あったら請求書作成に進む
- 30: writeToInvoiceFile関数を呼び出し
- 33: 作成した請求書をPDF出力する

✓ writeToInvoiceFile関数

writeToInvoiceFile関数は、createInvoice関数のループ①請求先の繰り返し処理の中から呼び出されます。ここではcreateInvoice関数で取得した請求対象のデータを請求書のフォーマットに入力します。

　［請求書/ひな形］フォルダから「請求書_ひな形」スプレッドシートを取得し、データ1シート、データ2シートに値を入力します。

chapter4_2.gs（続き）

```
38   function writeToInvoiceFile(targetRows, sheetName) {
39
40     const formatFile = invoiceFomatFolder.getFilesByName("請求書_
       ひな形").next();  ——— 請求書のひな形を取得
41
42     const billingDate = Moment.moment(new Date(targetRows[0]
       [4])).format("YYYY年M月D日");  ——— 請求日を取得
43     const deadline = Moment.moment(new Date(targetRows[0][5])).
       format("YYYY年M月D日");  ——— 支払期限を取得
44     const targetFileName = "請求書_" + sheetName + "_御中_" +
       billingDate;  ——————————— 請求書のファイル名を生成
                                      ひな形をコピーして請求書スプレッドシートを作成
45
46     const targetFile = formatFile.makeCopy(targetFileName,
       invoiceFolder);
47
48
49     const dataSheet1 = SpreadsheetApp.open(targetFile).
       getSheetByName("データ1");
                                          請求先、請求日、
                                          支払期限を入力
50     let range = dataSheet1.getRange("A2:C2");
51     range.setValues([[sheetName, billingDate, deadline]]);  —┘
52     dataSheet1.getRange("B2:C2").setNumberFormat("yyyy年m月d日");
53
54                                 「データ2」シートに品目、数量、単価を入力する
55     const values = [];
56     for (let i = 0; i < targetRows.length; i++) {
57       values.push([targetRows[i][0], targetRows[i][1],
       targetRows[i][2]]);
58     }
59
60     const dataSheet2 = SpreadsheetApp.open(targetFile).
       getSheetByName("データ2");
61     dataSheet2.getRange(2, 1, values.length,
       3).setValues(values);
62
63     return targetFile;  ——— 作成した請求書スプレッドシートを呼び出し元に返す
64   }
```

☑ exportPdf関数

　作成した請求書スプレッドシートをPDF出力します。ここでのPDF出力は、
P.153とは別の方法を使います。なぜなら、今回は細かい設定が必要だからで
す。この方法を使うとより詳細な設定をしてPDFを出力することができます。

　URL Fetchサービスの UrlFetchApp クラスの fetch メソッドを使います。
このメソッドはWeb上のアプリと通信するためのURLを生成するもので、
今回はGoogleのアプリケーションにPDF指示を送るために使います。

```
UrlFetchApp.fetch(url, オプション)
```

PDF出力用のURLを組み立ててBlobオブジェクトを作成します。

chapter4_2.gs（続き）

```
66  function exportPdf(createdInvoice) {
67    const sheet = SpreadsheetApp.open(createdInvoice).
      getSheetByName("請求書");  ── 請求書スプレッドシートから請求書シートを取得
68    const billingDate = sheet.getRange("K8").getValue();
69                             K8セルに入力されている請求日を取得
70
71    const token = ScriptApp.getOAuthToken();  ── トークンを取得
72    const pdf = UrlFetchApp.fetch("https://docs.google.com/
      spreadsheets/d/" + createdInvoice.getId() + "/export?gid=" +
      sheet.getSheetId() + "&format=pdf&portrait=true&size=A4&gridl
      ines=false&fitw=true",{headers: {'Authorization': 'Bearer ' +
      token}})
73      .getBlob().setName(createdInvoice.getName() + ".pdf");
74    pdfFolder.createFile(pdf);  ── PDFを生成
75  }
                                  A4タテ、グリッド線なし、幅に合わせるように指定
```

■ checkInvoiceFolder関数

1カ月以上前の請求書スプレッドシートをYYYYMM形式のフォルダに移動する処理を見ていきましょう。

［請求書］フォルダから、請求日が1カ月以上雨の請求書スプレッドシートを抽出します。［請求書］フォルダからすべての請求書スプレッドシートを取得し、請求日を取得します。請求日が1カ月以上前である場合はmoveFiles関数を呼び出し、フォルダの移動を実行します。

chapter4_2.gs（続き）

```
77  function checkInvoiceFolder() {  ── ［請求書］フォルダからすべてのファイルを取得
78    const files = invoiceFolder.getFiles();  ── 本日から1カ月前の日付を取得
79    const aMonthAgo = m.clone().subtract(1, 'months');
80
81    while(files.hasNext()) {  ── 取得したファイルに対して繰り返し処理
82      const file = files.next();
83      const sheet = SpreadsheetApp.open(file).getSheetByName("請
      求書");  ── 請求書スプレッドシートから請求書シートを取得
84      const billingDate = sheet.getRange("K8").getValue();
85      if (aMonthAgo.isAfter(billingDate)) {   K8セルに入力されている
86        moveFiles(file, billingDate);         請求日を取得

        請求日が1カ月前の日付より前かどうか判定
```

```
87      }
88    }
89  }
```

■ moveFiles関数

checkInvoiceFolder関数から呼び出されます。請求書スプレッドシートを
［請求書/old/YYYYMM］フォルダに移動します。

　［請求書/old］フォルダには、過去の実行によりすでに当該年月のフォル
ダが存在する可能性がありますので、フォルダの有無を調べて、フォルダが
ない場合に限り作成します。

　［YYYYMM］フォルダの用意ができたら、請求書スプレッドシートを移
動します。

chapter4_2.gs（続き）

```
91   function moveFiles(file, billingDate) {     引数で受け取った請求日から
92                                               YYYYMM形式でフォルダ名を
                                                 生成
93     const targetFolderName = Moment.moment(new
       Date(billingDate)).format("YYYYMM");
94
95                    同じ年月の名前のフォルダが存在しない場合に限りフォルダを作成
96     if (!oldFolder.getFoldersByName(targetFolderName).hasNext()) {
97       oldFolder.createFolder(targetFolderName);
98     }
99
100    const targetFolder = oldFolder.getFoldersByName(targetFolder
       Name).next();                改めて当該年月のフォルダを取得
101    file.moveTo(targetFolder);     当該年月のYYYYMMフォルダに対象の
102  }                               請求書スプレッドシートを移動
```

　これでサンプルスクリプトは完成です。

Chapter

5

その他のGoogleアプリの
自動化

⊙49 Gmailサービスの概要

このChapterでは、いったんスプレッドシートから離れ、その他のGoogleのアプリケーションをGASから操作する方法について解説します。

◢ Gmailサービスのクラス

まずは、Gmailの操作について説明します。

GASにおいて、Gmailを操作するためのクラスを提供するのが、**Gmailサービス**です。SpereadsheetサービスやDriveAppサービスと同様、階層構造になっています。

Gmailサービスの最上位に位置するクラスは**GmailApp**クラスです。Gmailのスレッドやメッセージへアクセスするためのメソッドを提供します。

GmailAppクラスのメソッド（一部）

メソッド	戻り値	説明
sendEmail (recipient, subject, body, [options])	GmailApp	引数に指定した宛先、件名、本文、オプションでメッセージ（＝メール）を送信する
getThreadById (id)	GmailThread	引数に指定したIDのスレッドを取得する
getInboxThreads (start, max)	GmailThread[]	受信トレイから、引数に指定したインデックスstartからmax件のスレッドを取得する
search (query,[start, max])	GmailThread[]	引数に指定したクエリの条件で、インデックスstartからmax件のGmailを取得する
getMessageById (id)	GmailThread	引数に指定したIDのメッセージを取得する

GmailAppクラスの配下に位置するのが**GmailThreadクラス**です。GmailThreadクラスは、スレッドに対する操作や、スレッドの各種情報の取得を行います。

GmailThreadクラスのメソッド（一部）

メソッド	戻り値	説明
getId()	String	スレッドのIDを取得する
getMessages()	GmailMessage[]	スレッドにあるメッセージを配列として取得する
getMessageCount()	Integer	スレッドにあるメッセージ数を取得する
moveToTrash()	GmailThread	スレッドをゴミ箱に移動する

　GmailThreadクラスの配下に位置するのが、**GmailMessageクラス**です。GmailMessageクラスは、メッセージに対する操作や、メッセージの各種情報を取得するメソッドを提供します。

GmailMessageクラスのメソッド（一部）

メソッド	戻り値	説明
getId()	String	メッセージのIDを取得する
getBody()	String	メッセージの本文をHTMLとして取得する
getPlainBody()	String	メッセージの本文をテキストとして取得する
getDate()	Date	メッセージの日時を取得する
getFrom()	String	メッセージの送信者を取得する
moveToTrash()	String	メッセージをゴミ箱に移動する

⊙50⊙ | 請求書を自動送信する

　日常業務において、メールのやりとりや、たまったメールの整理は、面倒だったり、つい忘れてしまったりしがちなものです。GASからGmailを操作することで、こうした作業を自動化することができます。例えば次のようなことを自動で行えます。

- **特定のタイミングでファイルを添付したメールを送信する**
- **一定期間が経過した受信メールをアーカイブする**

　ここではそうした自動化の一例として、Chapter 4で作成した請求書を、Gmailで自動送信するサンプルスクリプトを紹介します。このスクリプトはトリガーによって毎日実行され、請求日が到来した請求書のPDFファイルをGmailで自動送信します。人の手で請求日を確認して送信する手間が省け、送り忘れも防げます。

自動送信されたメールと添付の請求書ファイル

◢ フォルダ構成

Chapter4の請求書作成スクリプトでは、[PDF] フォルダの中に「請求書_請求先御中_○○○○年○○月○○日.pdf」という形式のPDFファイルを作成していました。この請求先の名前を元にメール送信する仕様です。

そして、今回新たに作成するサンプルスクリプトのフォルダ構成は次の通りです。[請求先] フォルダ、[メール文面] フォルダにはメールの生成に必要なファイルが収録されています。動作テストしやすくするために、[chapter5_1] フォルダにも [PDF] フォルダとサンプルのPDFファイルも用意しておきます。

参照するフォルダIDを [chapter4_2] フォルダ配下の [PDF] フォルダに変更すれば、chapter4_2とchapter5_1のスクリプトを連携させることもできます。

それぞれのフォルダの中身について説明します。

☑[請求先]フォルダ

「請求先データ」スプレッドシートが格納されています。このファイルには、請求書を送信する請求先の名前とメールアドレスが登録されています。

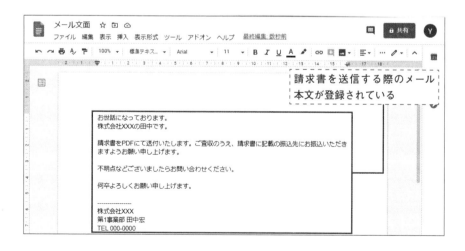

☑[メール文面]フォルダ

「メール文面」ドキュメント（スプレッドシートではなく、Googleドキュメントのファイルです）が格納されています。このファイルには、送付するメールの本文を登録しておきます。

☑ 処理の流れを考える

それでは次に、スクリプトの処理の流れを見てみましょう。

①Chapter 4で作成した**請求書作成アプリ**（[chapter 4_2]フォルダ）の、[PDF] フォルダから、**本日が請求日の請求書PDFファイルを探し出して取得**

②**本アプリ**（[chapter5_1]フォルダ）の、[請求先]フォルダから、**請求先データ スプレッドシートを取得。**そこから**請求先のメールアドレスを取得**

③同じく本アプリの、[メール文面]フォルダの、メール文面ドキュメントから **メールの本文を取得**

④ここまで集めてきた**請求書PDFファイル、メールアドレス、メール本文から メールを作成して、請求先に送信**

7月14日に起動した場合

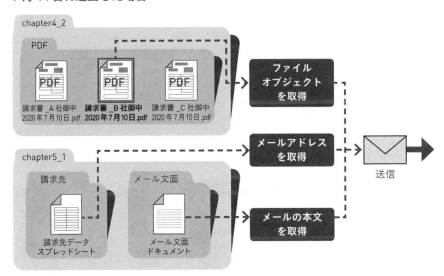

Chapter 4のサンプルと同じく「請求日が本日のPDF」を送信する仕組み になっているため、動作テストするときは**「請求先データ」に送信先のメー ルアドレスを指定し、PDFファイル名の日付を本日にしてください。**

このサンプルスクリプトは、[実行]-[関数を実行]からmain関数を選択 して実行できますが、トリガーで毎日実行してもいいでしょう（P.171参照）。

·051 請求書送信スクリプトの実装を見てみよう

それではサンプルスクリプトを見てみましょう。スクリプトを関数ごとに解説しています。今回も**Momentライブラリが必要**です（P.129参照）。

◤ main関数

起点となる関数です。このmain関数から各関数を順番に呼び出します。トリガーで自動実行する際には、この関数を実行する関数として登録します。各フォルダはグローバル領域で変数に入れておきます。

sendEmailSample.gs

```
01  const pdfFolder = DriveApp.getFolderById('XXXXXXXXXX');
02  const customerDataFolder = DriveApp.getFolderById('XXXXXXXXXX');
03  const mailTextFolder = DriveApp.getFolderById('XXXXXXXXXX');
04
05  function main() {
06    let targetData = getPdfFile();
07    targetData = getEmailAddress(targetData);
08    sendEmail(targetData);
09  }
    ...
```

[請求先]フォルダを取得
[PDF]フォルダを取得
[メール文面]フォルダを取得
PDFファイルと請求先名を配列として取得
スプレッドシートから請求先メールアドレスを取得
メールを送信

◤ getPdfFile関数

getPdfFile関数は、Chapter 4の請求書作成アプリの［PDF］フォルダから、請求日が当日の請求書PDFファイルと、その請求書先名を取得します。

少しずつ分けて見ていきましょう。まず、請求書作成アプリの［PDF］フォルダから、すべての請求書PDFファイルをFileIteratorとして取得し、変数pdfFilesに代入します。さらに、後で使う配列targetDataを宣言しておきます。**以後の処理では、この配列targetDataに、メール送信に必要なデータを格納していきます。**

sendEmailSample.gs（続き）

```
   ...
11 function getPdfFile() {
12   const pdfFiles = pdfFolder.getFiles();
13   const targetData = [];
   ...
```

次に、取得したファイルの数だけwhile文による繰り返し処理を行います。

繰り返し処理の中では、FolderIteratorからnextメソッドでFileオブジェクトを取り出し、変数pdfFileに代入します。そのファイル名（請求書_XXXXX御中_YYYY年M月D日.pdf）に対して文字列操作を行い、JavaScript標準のreplace関数と正規表現を組み合わせ、請求日をYYYY/MM/DDの形式で抽出します。

フォルダから取得したファイルの数だけ繰り返し処理

ファイル名から請求日の文字列を抽出

```
15   while (pdfFiles.hasNext()) {
16     const pdfFile = pdfFiles.next();
17     const pdfFileName = pdfFile.getName();
18     let billingDateStr = pdfFileName.replace(/請求書_.+_/, "");
19
20     billingDateStr = billingDateStr.replace(/年|月/g, "/").
     replace(/日/, "").replace(/.pdf/, "");
```

年、月、日を「/」に置換

そして、MomentライブラリのisSameメソッドで、抽出した請求日と、当日の日付を比較します。日付が一致した場合は、当日が請求日であるということになります。これで請求日が当日のファイルを抽出できました。

if文のブロック内では、再びファイル名に対して文字列操作を行います。今度は請求先名の部分だけを抽出し、変数customerNameに代入します。そして、10行目で用意しておいた配列targetDataに、変数customerNameと変数pdfFileをペアにした配列を格納します。

当日が請求日であるファイルの請求先名を2次元配列に格納

```
22     if (Moment.moment().isSame(billingDateStr, 'days')) {
23       let customerName = pdfFile.getName().replace(/請求書_/,
       "").replace(/御中_\d+年\d+月\d+日.pdf/, "");
24       targetData.push([customerName, pdfFile]);
25     }
26   }
27   return targetData;
28 }
```

ファイル名から請求先名の文字列を抽出

つまり、配列targetDataは次のようなデータを持った2次元配列となります。

```
[
  ["株式会社GAS", PDFファイルのFileオブジェクト],
  ["example株式会社", PDFファイルのFileオブジェクト]
]
```

　請求日が当日であるPDFファイルのFileオブジェクトと、その請求先名の文字列がペアで格納されています。
　これでif文ブロックの処理は終わり、while文のブロックも閉じます。最後に、配列targetDataを呼び出し元に返して、getPdfFile関数の処理は終了です。

◢ getEmailAddress関数

　getEmailAddress関数では、「請求先/請求先」データスプレッドシートから、請求先のメールアドレスを取得します。
　はじめに、関数の引数として2次元配列targetDataを受け取ります。次に、「請求先/請求先データ」スプレッドシートを取得し、変数customerDataFileに代入します。続けて、「請求先データ」スプレッドシートから、データが入力されているセル範囲を取得して、変数valuesに代入します。shiftメソッドで見出し行を取り除きます。

sendEmailSample.gs（続き）

「請求先データ」スプレッドシートを取得

```
     ...
30  function getEmailAddress(targetData) {
31    const customerDataFile = customerDataFolder.getFilesByName("
      請求先データ").next();
32    const values = SpreadsheetApp.open(customerDataFile).
      getActiveSheet().getDataRange().getValues();
33    values.shift();
     ...
```

　getValuesメソッドでセル範囲のデータを取得すると、2次元配列として取得されるのでしたね。変数valuesは次のような2次元配列となります。

```
[
  ["株式会社できる全部入り", "dekiru@zenbuiri.example"],
  ["株式会社GAS", "gas@example.net"],
  ["example株式会社", "example@example.com"]
]
```

続けて、この2次元配列valuesから、引数で受け取った2次元配列targetData
のデータと請求先名が一致するデータを探して取り出します。ここではfor
文を入れ子にします。

外側のfor文は、valuesに格納されているデータ（配列）の数だけ繰り返し
ます。その内側のfor文はtargetDataに格納されているデータ（配列）の数
だけ繰り返します。

内側のfor文ブロックの中では、if文により判定を行います。条件式は、
values[i][0] === targetData[j][0]とします。つまり、valuesに格納されている
請求先名と、targetDataに格納されている請求先名を、総当たりで比較して
います。一致した場合は、targetDataのデータに、valuesのメールアドレス
を追加します。

```
      ...
35    for (let i = 0; i < values.length; i++) {
36      for (let j = 0; j < targetData.length; j++) {
37        if (values[i][0] === targetData[j][0]) {      請求先名が一致
38          targetData[j].push(values[i][1]);           するものを検索
39        }
40      }
41    }
42    return targetData;
43  }
```

for文の処理が終わると、targetDataの中身は次のようになります。

```
[
  ["株式会社GAS", PDFファイルのFileオブジェクト, "gas@example.
net"],
  ["example株式会社", PDFファイルのFileオブジェクト, "example@
example.com"]
]
```

✓ sendEmail関数

sendEmail関数では、これまで2次元配列targetDataに集めてきたデータか
らメールを作成して、請求先に送信します。

メールの送信は、**GmailAppクラス**の**sendEmailメソッド**で行います。

sendEmailメソッドは、引数に指定したデータを元にメールの送信を実行
します。第1引数から順に、宛先のメールアドレス、件名、本文、その他の

オプションを指定します。オプションは省略可能ですが、今回は添付ファイルを指定するために使います。

```
GmailApp.sendEmail(宛先メールアドレス, 件名, 本文, [オプション])
```

sendEmail関数の内容は次のとおりです。

sendEmailSample.gs（続き）

```
45  function sendEmail(targetData) {
46    const mailTextFileId = mailTextFolder.getFilesByName("メール文面").next().getId();
47
48    for (let i = 0; i < targetData.length; i++) {
49      let mailText = DocumentApp.openById(mailTextFileId).getBody().getText();  ──────────── ドキュメントから本文テキストを取得
50
51      mailText = targetData[i][0] + "\nご担当者様" + "\n\n" + mailText;
52      const attachments = [targetData[i][1]];  ── 添付ファイルを配列に
53
54      GmailApp.sendEmail(targetData[i][2], "請求書の送付", mailText, {attachments: attachments});  ──────── メールを送信
55    }
56  }
```

まず、関数の引数として2次元配列targetDataを受け取ります。

メールを作成するためには、targetDataに格納されているデータの他に、メールの本文と件名のデータが必要です。まず［メール文面］フォルダ内の「メール文面」ドキュメントのidを取得し、変数mailTextFileIdに代入しておきます（45行目）。

次にメールの作成と送信の処理を行います。targetDataのデータの数だけ、for文による繰り返し処理を行います。

for文のブロック内では、メール文面ドキュメントを開き、テキストデータを取得します。さらにこのテキストデータの冒頭に、以下のテキストを追加した上で、変数mailTextに代入しています（50行目）。

＜請求先名＞
ご担当者様

続いて、添付ファイルです。targetDataに格納されているPDFファイルのFileオブジェクトを、変数attachmentsに格納します。なお、この際、

[targetData[i][1]]というように、配列として格納していますが、これは次に行うメールの送信処理において、添付ファイルは1つのみの場合でも配列にする必要があるからです。

52行目では、sendEmailメソッドの引数として、宛先メールアドレスをtargetDataから取得して指定しています。件名は「請求書の送付」、本文は先ほどの変数mailTextを指定しています。

添付ファイルはオプションで指定します。オプションはオブジェクトの形で指定します。ここではattachmentsプロパティに、50行目でFileオブジェクトを配列として代入した変数attachmentsを値として指定しています。

これで実装は完了です。最後にサンプルスクリプトの全体像を掲載しておきます。

sendEmailSample.gs

```
01  const pdfFolder = DriveApp.getFolderById('XXXXXXXXXX');
02  const customerDataFolder = DriveApp.getFolderById('XXXXXXXXXX');
03  const mailTextFolder = DriveApp.getFolderById('XXXXXXXXXX');
04
05  function main() {
06    let targetData = getPdfFile();
07    targetData = getEmailAddress(targetData);
08    sendEmail(targetData);
09  }
10
11  function getPdfFile() {
12    const pdfFiles = pdfFolder.getFiles();
13    const targetData = [];
14
15    while (pdfFiles.hasNext()) {
16      const pdfFile = pdfFiles.next();
17      const pdfFileName = pdfFile.getName();
18      let billingDateStr = pdfFileName.replace(/請求書_.+_/, "");
19
20      billingDateStr = billingDateStr.replace(/年|月/g, "/").
    replace(/日/, "").replace(/.pdf/, "");
21
22      if (Moment.moment().isSame(billingDateStr, 'days')) {
23        let customerName = pdfFile.getName().replace(/請求書_/,
    "").replace(/御中_\d+年\d+月\d+日.pdf/, "");
24        targetData.push([customerName, pdfFile]);
25      }
26    }
```

```
27     return targetData;
28   }
29
30   function getEmailAddress(targetData) {
31     const customerDataFile = customerDataFolder.getFilesByName("
       請求先データ").next();
32     const values = SpreadsheetApp.open(customerDataFile).
       getActiveSheet().getDataRange().getValues();
33     values.shift();
34
35     for (let i = 0; i < values.length; i++) {
36       for (let j = 0; j < targetData.length; j++) {
37         if (values[i][0] === targetData[i][0]) {
38           targetData[j].push(values[j][1]);
39         }
40       }
41     }
42     return targetData;
43   }
44
45   function sendEmail(targetData) {
46     const mailTextFileId = mailTextFolder.getFilesByName("メール文
       面").next().getId();
47
48     for (let i = 0; i < targetData.length; i++) {
49       let mailText = DocumentApp.openById(mailTextFileId).
       getBody().getText();
50
51       mailText = targetData[i][0] + "\nご担当者様" + "\n\n" +
       mailText;
52       const attachments = [targetData[i][1]];
53
54       GmailApp.sendEmail(targetData[i][2], "請求書の送付",
       mailText, {attachments: attachments});
55     }
56   }
```

052 | Calendarサービスの概要

次に、GASによるGoogleカレンダーの操作について解説します。GASにより、イベント（予定）の登録や内容の取得、および変更といった作業を自動化できます。

◢ Calendarサービスのクラス

カレンダーを操作するためのクラスを提供するのが、**Calendarサービス**です。最上位に位置するクラスは、**CalendarAppクラス**で、カレンダー全体の操作、例えばカレンダーの取得、新規作成といった操作を行うメソッドを提供します。

CalendarAppクラスのメソッド（一部）

メソッド名	戻り値	内容
getDefaultCalendar()	Calendar	デフォルトのカレンダーを取得
getAllCalendars()	Calendar[]	ユーザーがアクセス可能なすべてのカレンダーを取得
getAllOwnedCalendars()	Calendar[]	ユーザーが所有するすべてのカレンダーを取得

CalendarAppクラスの配下には、**Calendarクラス**があります。Calendarクラスには、カレンダーへのイベントの登録、カレンダーからのイベントの取得を行うメソッドが用意されています。

Calendarクラスのメソッド（一部）

メソッド名	戻り値	内容
createEvent()	CalendarEvent	引数に指定したタイトル、開始日時、終了日時、オプションでイベントを登録
createAllDayEvent()	CalendarEvent	引数に指定したタイトル、開始日時、終了日時、オプションで終日のイベントを登録
getEvents(startTime, endTime)	CalendarEvent[]	引数に指定した開始日時から終了日時までのイベントを取得

5

その他のGoogleアプリの自動化

◉053 操作対象のカレンダーを取得する

　GASでカレンダーを操作するには、スプレッドシートの操作で、スプレッドシートを取得するのと同じように、まずカレンダーを取得する必要があります。**CalendarAppクラス**のメソッドを使用し、カレンダーを取得する方法を解説します。

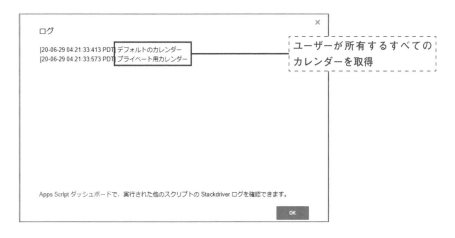

ログ

[20-06-29 04:21:33:413 PDT] デフォルトのカレンダー
[20-06-29 04:21:33:573 PDT] プライベート用カレンダー

ユーザーが所有するすべてのカレンダーを取得

Apps Script ダッシュボードで、実行された他のスクリプトの Stackdriver ログを確認できます。

OK

☑ デフォルトのカレンダーを取得する

　Googleカレンダーでは、仕事用、プライベート用など複数のカレンダーを作成することができますが、初期状態から用意されているカレンダー（ユーザー名のカレンダー）がデフォルトカレンダーです。デフォルトのカレンダーを取得するにはCalendarAppクラスの**getDefaultCalendarメソッド**を使用します。

```
CalendarApp.getDefaultCalendar()
```

☑ IDを指定してカレンダーを取得する

　ドライブのフォルダやスプレッドシートなどのファイルと同様、カレンダーにもそれぞれ固有のIDが割り当てられており、IDで指定してカレンダー

を取得することができます。

IDの取得

カレンダーのIDは、カレンダーの設定から取得できます。

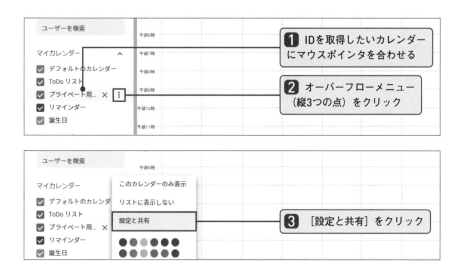

[設定]画面が表示されます。下部にある、[カレンダーの統合]項目の[カレンダーID]のIDをコピーします。

カレンダーを取得

IDを指定してカレンダーを取得するにはCalendarAppクラスの**getCalendarByIdメソッド**を使用します。引数にカレンダーのIDを指定します。戻り値はCalendarオブジェクトです。

```
CalendarApp.getCalendarById(カレンダーのID)
```

それではサンプルスクリプトを見てみましょう。

getCalendarSample.gs

```
01  function getCalendarSample() {
02    var calender = CalendarApp.getDefaultCalendar();
03    Logger.log(calender.getName());
04
05    calender = CalendarApp.getCalendarById('XXXXXXXXXX');
06    Logger.log(calender.getName());
07  }
```

デフォルトカレンダーの取得

IDによる取得

■ ユーザーが所有するすべてのカレンダーを取得する

ユーザーが所有するすべてのカレンダーを取得するには、CalendarAppクラスの**getAllOwnedCalendarsメソッド**を利用します。戻り値はCalendarオブジェクトの配列です。

```
CalendarApp.getAllOwnedCalendars()
```

サンプルスクリプトを見てみましょう。

getCalendarsSample.gs

```
01  function getCalendarsSample() {
02    var calendars = CalendarApp.getAllOwnedCalendars();
03    for (var calendar of calendars) {
04      Logger.log(calendar.getName());
05    }
06  }
```

すべてのカレンダーを取得

■ ユーザーがアクセス可能なすべてのカレンダーを取得する

カレンダーは自分が所有しているものだけでなく、他のユーザーから共有されているものにもアクセスできます。他のユーザーから共有されているカレンダーは、カレンダー画面右の［他のカレンダー］に表示されています。

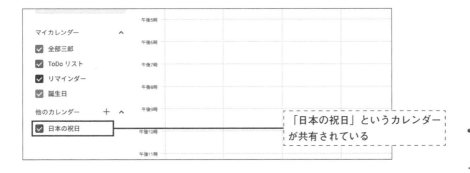

　自分が所有しているカレンダー、および共有されているすべてのカレンダーを取得したい場合は、CalendarAppクラスの**getAllCalendarsメソッド**を使用します。戻り値は、Calendarオブジェクトの配列です。

```
CalendarApp.getAllCalendars()
```

　それではサンプルスクリプトを見てみましょう。アクセス可能なすべてのカレンダーを取得し、for...of文による繰り返し処理により、1つ1つのカレンダーの名前を取得しています。

getCalendarsSample2.gs

```
01  function getCalendarsSample2() {
02    var calendars = CalendarApp.getAllCalendars();
03    for (var calendar of calendars) {
04      Logger.log(calendar.getName());
05    }
06  }
```

アクセス可能なすべての
カレンダーを取得

054 | カレンダーに イベントを登録する

　カレンダーを取得したら、次はカレンダーにイベントを登録してみましょう。まずは、スクリプト内に直接イベント名や日時、内容を記述して登録する方法を紹介します。

スクリプト内に記述したイベント名や日時、内容を登録

■ イベントを登録する

　カレンダーにイベントを登録するには、Calendarクラスの**createEventメソッド**を利用します。createEventメソッドの引数には2つのパターンがあります。1つはイベントのタイトルと開始日時、終了日時のみを指定するパターンです。

```
Calendarオブジェクト.createEvent(タイトル, 開始日時, 終了日時)
```

　もう1つは、イベントのタイトルと開始日時、開始日時に加えて、オプションを指定するパターンです。

```
Calendarオブジェクト.createEvent(タイトル, 開始日時, 終了日時, オプション)
```

　オプションはオブジェクトとして指定します。指定できる項目は、イベントの説明、場所、ゲスト、招待メール送信の有無です。

プロパティ	値
description	イベントの説明
location	イベントの場所
guests	ゲストのメールアドレス。カンマ区切りで複数指定可
sendInvites	招待メール送信の有無

　sendInvitesプロパティはBoolean型で指定し、trueにすると招待メールを送信し、falseにすると招待メールを送信しません。デフォルトではfalseになっています。

　それではサンプルスクリプトを見てみましょう。

createEventSample.gs

```
01  function createEventSample() {
02    CalendarApp.getDefaultCalendar().createEvent(
03      "打ち合わせ",
04      new Date("2020/07/20 13:00"),
05      new Date("2020/07/20 14:00"),
06      {
07        description: "新企画の打ち合わせ",
08        location: "〒171-0022 東京都豊島区南池袋２丁目１８－９",
09        guests: "example@example.com",
10        sendInvites: false
11      }
12    );
13  }
```

カレンダーにイベントを登録

055 | スプレッドシートから イベントを登録する

前節では、カレンダーに登録するイベント内容を、直接スクリプト内に記述していました。しかし、これでは新しいイベントを登録する際に、いちいちスクリプトを書きかえる必要があります。また、一度に複数のイベントを登録する場合にも不便です。

ここでは、イベントの登録をより便利にするため、スプレッドシートに記述しておいたイベント内容を読み込んでカレンダーに登録するスクリプトを解説します。

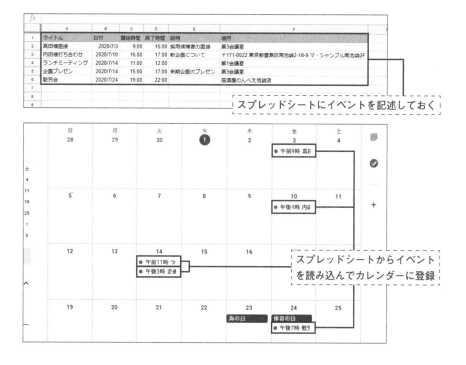

☑ スプレッドシートにイベントを記述する

スプレッドシートを新規作成し、イベントを記述しておきます。見出し行以下、1行につき1件のイベントを記載します。

1	タイトル	日付	開始時間	終了時間	説明	場所
2	高田様面接	2020/7/3	9:00	15:00	採用候補者の面接	第3会議室
3	内田様打ち合わせ	2020/7/10	16:00	17:00	新企画について	〒171-0022 東京都豊島
4	ランチミーティング	2020/7/14	11:00	12:00		第1会議室
5	企画プレゼン	2020/7/14	15:00	17:00	来期企画のプレゼン	第3会議室
6	慰労会	2020/7/24	19:00	22:00		居酒屋のんべえ池袋店

┤ スプレッドシートにイベントを記述 ├

記述するデータの構成は以下の通りです。

名前	値
タイトル	イベントのタイトルを入力
日付	日付をYYYY/MM/DD形式で入力
開始時間	開始時刻をHH:mm形式で入力
終了時間	終了時刻をHH:mm形式で入力
説明	イベントの説明を入力
場所	イベントの場所を入力

▨ コンテナバインドスクリプトを作成する

　スプレッドシートが用意できたら、このスプレッドシートのコンテナバインドスクリプトを作成します。コンテナバインドスクリプトの作成手順は、Chpater 2を参照してください。また**Momentライブラリの導入が必要**です。スクリプトエディタから導入してください。それではサンプルスクリプトを見てみましょう。

スプレッドシートからデータを取得する

　まずはスプレッドシートからイベントのデータを取得します。getActiveSheetメソッドでアクティブなシートを取得し、データが入力されているセル範囲の値を2次元配列として取得し、変数dataに代入します。dataから、shift関数で見出し行を削除します。ここまでで、変数dataのデータは次のようになっています。

```
[
  [高田様面接, Sat Oct 03 00:00:00 GMT+09:00 2020, Sat Dec
30 09:00:00 GMT+09:00 1899, Sat Dec 30 15:00:00 GMT+09:00
1899, 採用候補者の面接, 第3会議室],
  [内田様打ち合わせ, Sat Oct 10 00:00:00 GMT+09:00 2020,
Sat Dec 30 16:00:00 GMT+09:00 1899, Sat Dec 30 17:00:00
GMT+09:00 1899, 新企画について, 〒171-0022 東京都豊島区南池袋
2-18-9 マ・シャンブル南池袋2F]
]
```

次に、この2次元配列から1行分ずつデータを取り出し、フォーマットを整えてカレンダーに登録していきます。ここではfor...of文を使い、2次元配列の内側の配列1つ1つに対し、順番に処理を行います。

開始時間、終了時間のフォーマット変換

　for...of文のブロック内の処理について説明します（6～9行目）。まず、イベントのタイトル、開始時間、終了時間、オプションを各変数に代入していきます。最初に、変数titleにタイトルを代入します。タイトルは、内側の配列のインデックス0番（row[0]）に格納されています。これは簡単ですね。

　次に開始時間と終了時間ですが、これは少々データの加工が必要です。Momentライブラリのmomentメソッド、formatメソッドを使い、スプレッドシートから取得した日付、開始時間、終了時間の各データのフォーマットを変換した上で、変数date、startTime、endTimeに代入しています。

日付と開始時間、終了時間の結合、オプションの生成

　さて、createEventメソッドの第2引数、第3引数には開始日時と終了日時を指定するのでしたね。日付と時間が別々になっているので、結合する必要があります。変数dataと変数startTimeを結合し、変数startに代入します。間には半角スペースを挟みます。同じく、変数dataと変数endTimeを結合して変数endに代入します。これで開始日時と終了日時が準備できました。

　次に、オプションのオブジェクトを生成します。内側の配列のインデックス4番と5番から、説明と場所を取得し、descriptionプロパティとlocationプロパティの値として定義します。このオブジェクトを変数optionに代入します。

カレンダーへの登録

　登録するためのデータの準備が整ったので、createEventメソッドでカレンダーにイベントを登録します（18～23行目）。getDefaultCalendarメソッドで、デフォルトカレンダーを取得します。そして、createEventメソッドの第1引数に変数titleを指定します。第2引数には開始日時を指定しますが、Dateオブジェクトとする必要があるため、new Date()の引数に変数startを指定します。第3引数の終了日時も同様です。第4引数のオプションには変数optionを指定します。

　これで1件のイベントをカレンダーに登録できました。ここまでの繰り返

し処理をスプレッドシートに登録されている行数分、繰り返します。

createEventsFromSpreadsheetSample.gs

```
01  function createEventsFromSpreadsheetSample() {
02    var data = SpreadsheetApp.getActiveSheet().getDataRange().
      getValues();  ─────────────────────── スプレッドシートからデータを取得
03    data.shift();  ─────────────────────── データから見出し行を削除
04
05    for (var row of data) {
06      var title = row[0];
07      var date = Moment.moment(new Date(row[1])).format('YYYY/
      MM/DD');
08      var startTime = Moment.moment(new Date(row[2])).
      format('HH:mm');
09      var endTime = Moment.moment(new Date(row[3])).
      format('HH:mm');
10
11      var start = date + " " + startTime;  ─────────── 開始時間を生成
12      var end = date + " " + endTime;  ─────────────── 終了時間を生成
13      var option = {
14        description: row[4],      説明と場所を含むオプションを
15        location: row[5]          オブジェクトとして作成
16      }
17
18      CalendarApp.getDefaultCalendar().createEvent( ─┐
19        title,
20        new Date(start),    デフォルトカレンダーを取得し、カレンダーに
21        new Date(end),      イベントを登録
22        option
23      );
24    }
25  }
```

5

⊙56 ドキュメントをPDFとして エクスポートする

GASではドキュメントに対しても、スプレッドシートと同様にさまざまな操作を行えます。

ドキュメントで作成した資料をメールで送付する際などに、PDFとしてエクスポートしてから送付することはよくあります。ここでは、ドキュメントをPDF出力する方法を解説します。

◢ ドキュメントのクラス構成

スプレッドシートと同様に、ドキュメントの操作を習得するために重要なのは、ドキュメントのオブジェクト構成と対応するクラスを理解することです。

ドキュメントを操作するためのクラスを提供するのが、**Documentサービス**です。Documentサービスの最上位に位置するクラスは、**DocumentAppクラス**で、ドキュメントの取得、新規作成を行うメソッドが用意されています。DocumentAppクラスの配下には**Documentクラス**があります。ドキュメントは、文書の本体となるボディ、さらにヘッダーやフッター、脚注といった部分が集まってできています。これらを**セクション**と呼びます。Documentクラスには、ドキュメントの各セクションを取得するメソッドが用意されています。また、ドキュメントの情報、例えば名前やIDを取得するメソッドも提供します。

◢ ドキュメントをPDFとしてエクスポートする

あるフォルダに格納されているすべてのドキュメントを、任意のフォルダにPDFファイルとしてエクスポートする方法を解説します。

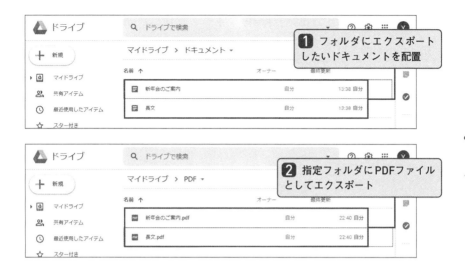

　まず準備として、PDF化したいドキュメントファイルを格納するフォルダを作成します。フォルダの場所はマイドライブ直下でも、サブフォルダ内でも構いません。フォルダにドキュメントをまとめて格納しておきます。

　そして、PDFの出力先フォルダを作成します。こちらも場所はどこでも構いません。

◤ サンプルスクリプト

　それではサンプルスクリプトを見てみましょう。

exportPdfFromDocumentsSample.gs

```
01  function exportPdfFromDocumentsSample() {
02    var documentFolder = DriveApp.getFolderById('XXXXXXXXXX');
03    var files = documentFolder.getFiles();
04
05    var pdfFolder = DriveApp.getFolderById('XXXXXXXXXX');
06
07    while(files.hasNext()){
08      var file = files.next();
09      var fileId = file.getId();
10      var blob = DocumentApp.openById(fileId).getBlob();
11      pdfFolder.createFile(blob);   PDFファイルを出力
12    }
13  }
```

- ドキュメントが格納されているフォルダを取得
- フォルダ内のファイルをすべて取得
- PDF出力先のフォルダを取得
- ファイルを開くためにIDを取得
- IDでファイルを取得、PDF形式のBlobオブジェクトを生成
- すべてのファイルに対して繰り返し処理

対象ドキュメントと出力先フォルダの取得

　まず、先ほど作成した、ドキュメントがまとめて格納されているフォルダを取得し、フォルダからすべてのファイルを取得し、変数filesに代入しておきます（フォルダにはドライブ以外のファイルは存在しない前提です）。次に、PDFファイルの出力先フォルダを取得し、変数pdfFolderに代入しておきます。

各ファイルのPDF出力

　変数filesに代入しておいた全ドキュメントファイルに対して、while文とhasNextメソッドを組み合わせて繰り返し処理をしていきます。

　while文ブロック内の処理を見てみましょう。nextメソッドで、変数filesからファイルオブジェクトを1つ取り出し、変数fileIdに代入します。続けてファイルのIDも取得しておきます（9行目）。

　DocumentAppクラスの**openByIdメソッド**は、引数に指定したIDのドキュメントを開きます。戻り値は開いたドキュメントのDocumentオブジェクトです。

```
DocumentApp.openById(ファイルのID)
```

　openByIdメソッドで取得したDocumentオブジェクトに対して、PDFエクスポートを実行します。Chapter 4で、FileオブジェクトからPDF形式のBlobドキュメントを生成する、FileクラスのgetBlobメソッドを学びました（P.153参照）が、DocumentクラスにもgetBlobメソッドが用意されています。

```
Documentオブジェクト.getBlob()
```

　ドキュメントに対して、getBlobメソッドを実行し、変数Blobに代入します。Blobオブジェクトを実際のファイルとして指定のフォルダに出力するには、FolderクラスのcreateFileメソッドを使うのでしたね。5行目で［PDF］フォルダを代入しておいた変数pdfFolderに対して、変数blobを引数に指定しcreateFileメソッドを実行します。これで出力先フォルダに1件のドキュメントのPDFファイルが作成されました。

　以上でwhile文のブロック内の処理は終わりです。この処理をすべてのドキュメントに対して繰り返し実行し、今回のPDFエクスポートは完了です。

Chapter
6

Webアプリを
作成する

⊙57 GASのWebアプリの仕組み

このChapterでは、GASのWebアプリ化について解説します。

これまで解説してきたGASのスクリプトは、スタンドアロンスクリプトにしても、スクリプトエディタから実行するものでした。これをWebアプリ化することによって、ブラウザのフォームから入力した値をスプレッドシートに反映するといった処理が可能になります。GASに詳しくないメンバーでも使いやすくなるのは大きなメリットです。

◤ Webアプリの仕組み

まず、一般的なWebアプリの仕組みをおさらいしておきましょう。Excelなどユーザーの端末にプログラム本体をインストールして利用するアプリ（ネイティブアプリといいます）に対して、Webアプリは、プログラム本体がネットワーク上のサーバーにあり、ユーザーはインターネット経由でアプリを利用します。例えば、ECサイト、また、YouTubeやGoogleマップといったサービスも、Webアプリです。

Webアプリは**クライアント**と**サーバー**の2つで構成されます。Webアプリにおけるクライアントとは、主にユーザーのパソコンやスマホのブラウザです。ユーザーが、ブラウザから何らかの操作（例えば「購入」ボタンをクリックするなど）を行うと、ネットワークを通じてその要求（リクエスト）がサーバーに送られます。リクエストを受け取ったサーバー側では、その内容に応じてプログラムが処理を行い、結果（レスポンス）をクライアントに返します。GASのWebアプリも、この**クライアントサーバー方式**によって成り立っています。

クライアントサーバー方式

GASのWebアプリの仕組み

　一般にクライアントサーバー方式のWebアプリを構築する場合、プログラムを配置するサーバーを自社内に設置するか、レンタルサーバーを借りるなどして用意する必要があります。その点、GASのスクリプトは、Googleのクラウドサーバーに保存するので、自分でサーバーを用意する必要はありません。

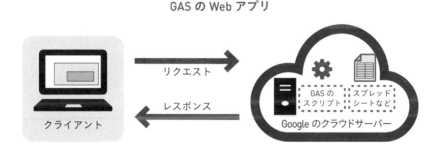

GAS の Web アプリ

　なお、GASのWebアプリの基本的な仕組みは一般的なWebアプリと共通ですが、企業内など限られたメンバーで利用する用途向けに設計されています。一般向けに公開するWebアプリの運用にはあまり適していないので、その目的であれば別のサービスを検討してください。

058 | doGet関数とdoPost関数の使い方を知る

■ GETメソッドとPOSTメソッド

Webアプリのクライアントとサーバーは、クライアント側が**HTTPリクエスト**を送り、サーバー側が**HTTPレスポンス**を返すという流れで通信します。HTTPリクエストにはいくつかの種類がありますが、そのうち代表的なものが**GETメソッド**と**POSTメソッド**です。

GETメソッドは、「ゲット」という名前からイメージされるように、一般的なWebページの表示要求に使われます。ユーザーがフォームに入力した値をGETメソッドで送るときは、URLのあとにデータを付加します。指定したURLのページをリクエストするついでに、データも送信しているのです。

Googleなどの検索結果のページをよく見ると、URLに検索語句などのデータが含まれていることがわかります。これは検索キーワードをGETメソッドで送っているためです。GETメソッドでデータを送った場合、その内容はURLに含まれるため、ブラウザの閲覧履歴に残ります。

検索結果のURLを見ると、検索語句などが含まれていることがわかる

POSTメソッドは投稿専用のHTTPリクエストで、GETメソッドに比べて大容量のデータを送信できます。また、データの送信にURLを使わないので、閲覧履歴などから送信内容を見られることはありません。

■ GASのdoGet関数とdoPost関数

GASで作成するWebアプリは、クライアントから送られてくるGETメソッドやPOSTメソッドに応答する形で処理を書きます。

GETメソッドに応答したい場合は**doGet関数**、POSTメソッドに応答した
い場合は**doPost関数**を定義し、応答データは**HtmlOutputオブジェクト**を戻
り値にします。この戻り値がHTTPレスポンスとして、サーバーからクライ
アントへ送出されます。

　doGet関数、doPost関数はChapter 4で少し触れたシンプルトリガーの一種
です。シンプルトリガーは、ある操作をきっかけに関数が実行される仕組み
でしたね。doGet関数、doPost関数も、GASのWebアプリのURLにブラウザ
からアクセスがあったときに実行されます。

```
doGet() {
    応答のために必要なさまざまな処理
    return HtmlOutputオブジェクト;
}
```

```
doPost() {
    応答のために必要なさまざまな処理
    return HtmlOutputオブジェクト;
}
```

◢ Webアプリケーションとして実行してみる

　それでは、doGet関数を使い、簡単なWebアプリケーションを作成、実行し
てみましょう。まず、新規のコンテナバインドスクリプトを作成し、「コード
.gs」に、doGet関数を定義します（デフォルトで定義されているmyFunction
関数は削除します）。

コード.gs
```
01  function doGet() {
02
03  }
```

　doGet関数は**HtmlOutputオブジェクト**というものを返す必要があります。
HtmlOutputオブジェクトはHTMLのデータを保持するもので、セキュリテ
ィ上の問題が起きないようHTMLをサニタイズ（無害化）する働きも持ち
ます。

　Htmlサービスの**createHtmlOutputメソッド**は、引数に指定したHTMLコー
ドから生成したHtmlOutputオブジェクトを返します。

```
HtmlService.createHtmlOutput(HTMLの文字列)
```

先ほどのコードに、次のように追記します。createHtmlOutputメソッド
の引数には簡単なHTMLの文字列を指定しています。

```
01  function doGet() {
02    return HtmlService.createHtmlOutput("<h1>Hello</h1>");
03  }
```

ファイルを保存したら、エディタのメニューの［公開］-［ウェブアプリ
ケーションとして導入］をクリックし、[Deploy]（デプロイ＝公開）します。

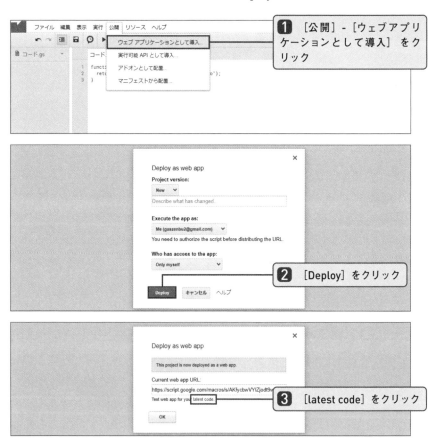

Helloという文字列がh1見出しで表示されました。これがもっとも単純な
GASのWebアプリです。

☑ HTMLファイルを表示する

先ほどはcreateHtmlOutputメソッドの引数に、ブラウザに表示させるHTMLを直接書きました。今度はあらかじめ用意したHTMLファイルの内容を表示させてみましょう。スクリプトエディタでHTMLファイルを作成します。

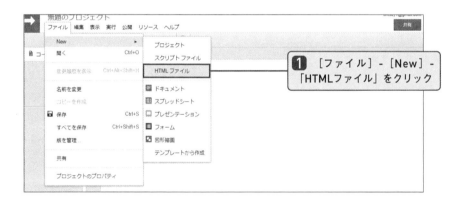

1 [ファイル] - [New] - 「HTMLファイル」をクリック

ファイル名を入力します。ここでは「index.html」とします。ただし拡張子の入力は不要です。

2 ファイル名を入力

作成したindex.htmlを確認してみましょう。HTMLの最低限の要素を記載

したひな形が最初から用意されています。それでは、body要素にh1要素を追加し、「Hello」と記述しましょう。

index.html

```
01  <!DOCTYPE html>
02  <html>
03    <head>
04      <base target="_top">
05    </head>
06    <body>
07      <h1>Hello</h1>        h1要素を追記
08    </body>
09  </html>
```

次に、GASスクリプト側を修正します。

HTMLファイルの内容を表示するには、**createHtmlOutputFromFileメソッド**を使います。先ほど使ったcreateHtmlOutputメソッドは文字列から生成したHtmlOutputオブジェクトを返しますが、こちらはHTMLファイルからHtmlOutputオブジェクトを生成して返します。引数にHTMLファイル名を指定します。この際、拡張子は不要です。

```
HtmlService.createHtmlOutputFromFile(HTMLファイル名);
```

スクリプトのdoGet関数内を次のように修正します。

```
01  function doGet() {
02    return HtmlService.createHtmlOutputFromFile("index");
03  }
```

再び［公開］-［ウェブアプリケーションとして導入］を選択してWebアプリをデプロイ（今回は更新）します。スクリプトを更新する際は、［Deploy as web app］画面の［Project version］で［New］を選択してください。

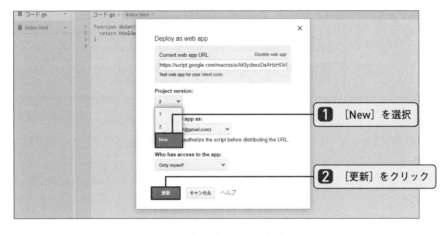

1 [New] を選択

2 [更新] をクリック

すると、HTMLファイルの内容が表示されます。

GASによるWebアプリの作成、実行の基本を理解できたでしょうか。次はこれまでのChapterで学んだスプレッドシート、ドライブの操作を組み合わせたサンプルスクリプトを作成していきましょう。

059 出退勤記録Webアプリの 動作イメージを確認する

　Chapter 4では勤怠管理の自動化スクリプトを作成しました。これと組み合わせて使用する出勤・退勤時刻を入力するWebアプリケーションを作成します。

　Chapter 4では各社員が手動で勤務表のスプレッドシートを開き、出退勤時刻を入力するようになっていましたが、これを毎日行うのは少々手間です。そこで、今回作成するGASのWebアプリでは、ブラウザから「出勤」「退勤」のボタンを押すだけで、スプレッドシートに時刻を登録できるようにします。

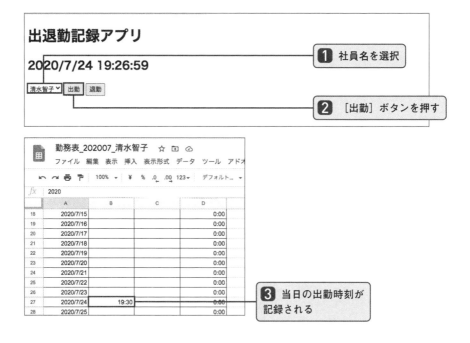

■ フォルダ構成とファイルの詳細

　それではまずはサンプルスクリプトのフォルダ・ファイルの構成を確認しておきましょう。

　今回のサンプルスクリプトは、Chapter 4の「勤怠管理の自動化スクリプ

ト」をWebアプリとして改良するものなので、フォルダ構成は「勤怠管理
の自動化スクリプト」と同様となります。ただし本章のサンプルでは、単純
化のために「勤務表」フォルダの「勤務表」スプレッドシートと、[管理者]
フォルダの「社員マスタ」スプレッドシートのみとなっています。

■ アプリの動作の流れ

　次に、アプリの動作の流れを確認しておきましょう。各社員が、ブラウザ
でアプリにアクセスすると、出退勤時刻の記録画面が表示されます。画面に
は現在日時（秒単位でリアルタイムに更新）、社員名、[出勤] ボタン、[退勤]
ボタンが表示されています。

　社員名のドロップダウンをクリックすると、社員名を選択できます。この
社員名の一覧は「社員マスタ」スプレッドシートから取得して表示していま
す。社員名を選択したら [出勤] ボタン、または [退勤] ボタンをクリック
することで、選択した社員の勤務表のスプレッドシートに出退勤時刻を記録
できます。

　ここでは社員名「清水智子」を選択し、[出勤] ボタンをクリックしてみ

ます。

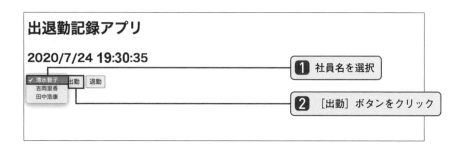

　［勤務表］フォルダの「勤務表_202007_清水智子」スプレッドシートを確認してみます。先ほど［出勤］ボタンをクリックした日付の「出勤」欄に時刻が記録されます。

　次は［退勤］ボタンをクリックしてみましょう。

勤務表のスプレッドシートを確認してみます。先ほど［退勤］ボタンをクリックした日付の「退勤」欄に時刻が記録されます。

退勤時刻が記録されている

·060· HTMLファイルを 作成して表示する

それではここからはサンプルスクリプトを見てみましょう。

☑ HTMLファイルの作成

まずHTMLファイルを作成しましょう。ここにはタイトル、現在日時の表示、[出勤] ／ [退勤] ボタンを作成します。新規のスタンドアロンスクリプトを作成したら、スクリプトエディタから、index.htmlファイルを作成し、body要素、script要素を記述します。formタグのmethod属性はGETを指定し、action属性はいったん空にしておきます。

index.html

```
01  <!DOCTYPE html>
02  <html>
03    <head>
04      <base target="_top">
05      <title>出退勤記録アプリ</title>
06    </head>
07    <body>
08      <h1>出退勤記録アプリ</h1>
09      <h2 id="datetime"></h2>                        現在日時を表示するh2要素を定義
10      <form method="GET" action="">
11      <button type="submit" name="type" value="begin">出勤</button>
12      <button type="submit" name="type" value="finish">退勤</button>
13      </form>
14      <script type="text/javascript">
15        function datetime(){
16          var now = new Date();
17          document.getElementById("datetime").innerHTML = now.
      toLocaleString();
18        }
19        setInterval(datetime, 1000);
20      </script>
21    </body>
22  </html>
```

フォームを作成

日時を更新する処理

222

現在日時の表示

script要素には、現在日時をh2要素に表示するための、datatime関数を定義します。HTMLファイル内のJavaScriptは、**サーバーからクライアントに送信されてからブラウザ内で実行される**ものです。そのため、GASのメソッドは利用できず、ブラウザが持つメソッドを利用できます。Webアプリを作るときは、サーバーとクライアントのスクリプトを混同しがちなので、注意してください。

datatime関数の中身について簡単に説明します。JavaScriptの一般的なメソッドを使ったものなので、Webページ作成の経験があればそう難しくはありません。

まず、現在日時のDateオブジェクトを作成して、変数nowに代入しておきます。次に、body要素に用意しておいたh2要素を、getElementByIdメソッドで取得します。変数nowに代入しておいたDateオブジェクトをtoLocaleStringメソッドで文字列に変換し、innerHTMLプロパティで設定して現在日時をh2要素に表示します。

最後に、リアルタイムで現在日時を更新し続ける仕組みを作ります。タイマー処理を行うsetIntervalメソッドを使い、先ほど定義したdatatime関数を1000ミリ秒ごとに実行させて、1秒ごとに現在日時の表示を更新します。

ここもポイント │ base要素を削除しない

スクリプトエディタでHTMLファイルを作成すると、最小限のHTMLが記述されていますが、この中でhead要素内のbase要素は削除しないでください。

```
<base target="_top">
```

これを削除してしまうと、エラーが発生し、アプリが動作しなくなってしまうので、注意してください。

---

❷ スクリプト側の実装

次にGASのスクリプトを作成しましょう。はじめに、グローバル領域で［管理者］フォルダと［勤務表］フォルダを取得して定数に代入します。また、Dateクラスのインスタンスを生成して定数に代入しておきます。

chapter6_1.gs

[管理者]フォルダを取得

```
01  const adminFolder = DriveApp.getFolderById('XXXXXXXXXX');
02  const employeeFolder = DriveApp.getFolderById('XXXXXXXXXX');
03  const now = new Date();
```

[勤務表]フォルダを取得

Dateクラスのインスタンスを生成

続いてdoGet関数を作成します。まずは先ほど作成したHTMLを表示してみましょう。ここではcreateHtmlOutputFromFileメソッドではなく、**createTemplateFromFileメソッド**を使います。このメソッドはHtmlOutputオブジェクトではなく、**HtmlTemplateオブジェクト**というものを返します。

`HtmlService.createTemplateFromFile(HTMLファイル名)`

そして、HtmlTemplateクラスの**evaluateメソッド**を実行して、HtmlOutputオブジェクトを生成します。

`HtmlTemplateオブジェクト.evaluate()`

このように二段階で生成しているのは、HTMLファイル内にGASのコードを埋め込むことのできる、**スクリプトレット**という機能を使用するためです。スクリプトレットについては、P.227で詳しく説明します。

ここまでのサンプルスクリプトは次のようになります。

chapter6_1.gs

```
01  const adminFolder = DriveApp.getFolderById('XXXXXXXXXX');
02  const employeeFolder = DriveApp.getFolderById('XXXXXXXXXX');
03  const now = new Date();
04
05  function doGet() {
06    return HtmlService.createTemplateFromFile("index").evaluate();
07  }
```

初期画面表示

それではいったんここまでの内容で実行してみましょう。P.214で解説した手順で、Webアプリケーションのデプロイを行います。デプロイを行う前に、HTML、スクリプトの両ファイルを保存することを忘れないようにしましょう。

このアプリケーションは、Google ではなく、別のユーザーによって作成されたものです。

利用規約

出退勤記録アプリ

2020/7/27 21:27:59

| 出勤 | 退勤 |

　現在日時が表示され、リアルタイムで秒単位で更新されているはずです。form要素のaction属性に何も指定していないので、現時点では［出勤］／［退勤］ボタンをクリックすると真っ白なページが表示されます。

　クリック後もWebアプリのページを表示したい場合は、［Deploy as web app］画面に表示されるこのアプリのURL（P.258参照）をaction属性に指定してください。

◉061 | 社員リストの ドロップダウンを表示する

☑ 社員リストの表示

　続いて、社員を選択するドロップダウンを作りましょう。社員リストのもとになる情報は「社員マスタ」スプレッドシートに記録されており、GASのメソッドを利用しないと取り出せません。そのためにHTML内でGASのコードを実行する**スクリプトレット**というものを使います。

☑ getName関数の追加

　ドロップダウンに表示する社員を表示するには、まず「社員マスタ」スプレッドシートから社員を取得する必要があります。そのための関数、getNameList関数を作成します（9〜14行目）。

　［管理者］フォルダの「社員マスタ」スプレッドシートを取得し、見出し行を除いた全行を取得して返します。

chapter6_1.gs（続き）

```
01  const adminFolder = DriveApp.getFolderById('XXXXXXXXXX');
02  const employeeFolder = DriveApp.getFolderById('XXXXXXXXXX');
03  const now = new Date();
04
05  function doGet() {
06    return HtmlService.createTemplateFromFile("index").evaluate();
07  }
08
09  function getNameList() {  ———  getNameList関数を定義
10    const empMasterFile = SpreadsheetApp.open(adminFolder.
      getFilesByName("社員マスタ").next());  「社員マスタ」スプレッドシートを取得
11    const empMasterSheet = empMasterFile.getActiveSheet();
12    const empData = empMasterSheet.getRange(2, 1,
      empMasterSheet.getLastRow() - 1, empMasterSheet.  データ行を取得
      getLastColumn()).getValues();
13    return empData;
14  }
```

☑ HTML側（スクリプトレットの利用）

次にHTML側を見てみましょう。body部分にselectタグで囲んだコードを追加しています（11〜16行目）。

index.html

```
01  <!DOCTYPE html>
02  <html lang="ja">
03    <head>
04      <base target="_top">
05      <title>出退勤記録アプリ</title>
06    </head>
07  <body>
08    <h1>出退勤記録アプリ</h1>
09    <h2 id="datetime"></h2>
10    <form method="GET" action="">
11    <select name="empName">
12    <? var nameList = getNameList() ?>
13    <? for (var i = 0; i < nameList.length; i++) { ?>
14    <option><?= nameList[i][1] ?></option>
15    <? } ?>
16    </select>
17    <button type="submit" name="type" value="begin">出勤</button>
18    <button type="submit" name="type" value="finish">退勤</button>
19    </form>
20    <script type="text/javascript">
21      function datetime(){
22        var now = new Date();
23        document.getElementById("datetime").innerHTML = now.toLocaleString();
24      }
25      setInterval(datetime, 1000);
26    </script>
27  </body>
28  </html>
```

（13行目右: コードを追加）

追加した部分には、見慣れない「<?」や「<?=」「?>」といった記号が出てきています。これらは**スクリプトレット**のための記号で、これらの記号で挟んだ範囲にGASのコード書くことができます。

スクリプトレットには3つの種類があります。1つは<?と?>で囲む記述です。これは**標準スクリプトレット**といい、<?と?>の中で、何らかの処理を実行することができますが、戻り値などの結果をHTMLとして表示することはできません。

```
<? GASのコード ?>
```

2つ目は<?=と?>で囲む記述です。これは**出力スクリプトレット**といい、処理の戻り値を出力します。出力値は、クロスサイトスクリプティング（XSS）という攻撃から保護するためにエスケープ処理（サニタイジング）されます。

```
<?= GASのコード ?>
```

3つ目は<?!=と?>で囲む記述です。これは**強制出力スクリプトレット**といい、やはり処理の戻り値を出力しますが、<?=…?>との違いは、エスケープ処理を行わないことです。

```
<?!= GASのコード ?>
```

HTMLからスクリプトレットの部分を抜粋して見てみましょう。

ドロップボックスを設置するために、select要素を追加しています。そのselect要素の中で、スクリプトレットを使って、先ほどスクリプト側に作成したgetNameList関数を呼び出しています。そして、取得したnameListの数だけfor文で繰り返し処理を行い、nameListの要素を含めたoption要素を出力します。これで全社員のリストを出力できます。

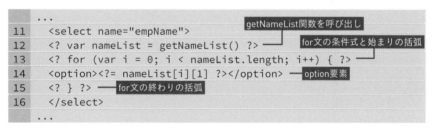

```
      ...
11    <select name="empName">
12    <? var nameList = getNameList() ?>        ← getNameList関数を呼び出し
13    <? for (var i = 0; i < nameList.length; i++) { ?>   ← for文の条件式と始まりの括弧
14    <option><?= nameList[i][1] ?></option>    ← option要素
15    <? } ?>   ← for文の終わりの括弧
16    </select>
      ...
```

出力された全社員のリスト

スクリプトレットは、P.224でdoGet関数内に書いたevaluateメソッドによって実行されます。つまり、サーバーからHTTPレスポンスが送出される直前のタイミングで実行され、結果のHTML（今回の例ではoption要素）が送信されます。GASのスクリプトが実行されるのは、あくまでサーバー側なのです。

062 | スプレッドシートに記録する

　ここまでで、画面側の要素は揃いました。ここからはボタンをクリックした後の、スプレッドシートに出退勤時刻を記録する処理を作成していきましょう。

　ここから実装が必要な処理を整理すると、「ドロップダウンで選択された社員の勤務表スプレッドシートに、出勤または退勤時刻の記録をする」ということになります。そのためにはまず、

- ドロップダウンで選択された社員名
- [出勤]ボタンが押されたのか[退勤]ボタンが押されたのか

という情報をブラウザ側から受け取る必要があります。

■ URLパラメータでHTML側から情報を受け取る

　doGet関数、doPost関数の引数eで、HTML側から**イベントオブジェクト**を受け取ることができます。そして、e.parameterと記述することで、イベントオブジェクトからパラメータ（フォームの送信値）を取得できます。

```
function doGet(e) {
  ...
}
```

　すでにHTMLには、select要素やbutton要素にフォーム送信に必要なname属性やvalue属性を指定済みです。

　select要素のname属性は「empName」 なので、GAS側でe.parameter.empNameと記述すると、ドロップダウンのvalue属性の値、つまり選択された社員名の値を取得できます。また、2つのボタンのname属性は「type」なので、e.parameter.typeと記述すると、[出勤] ボタンがクリックされた場合はvalue属性の値の"begin"、[退勤] ボタンがクリックされた場合は"finish"を取得できます。

6

Webアプリを作成する

index.html（フォーム部分の抜粋）

```
   ...
10 <form method="GET" action="">
11 <select name="empName">
12 <? var nameList = getNameList() ?>
13 <? for (var i = 0; i < nameList.length; i++) { ?>
14 <option><?= nameList[i][1] ?></option>
15 <? } ?>
16 </select>
17 <button type="submit" name="type" value="begin">出勤</button>
18 <button type="submit" name="type" value="finish">退勤</button>
19 </form>
   ...
```

chapter6_1.gs（続き）

```
   ...                    ┌─ イベントオブジェクトを取得する引数
05 function doGet(e) {
06   const inputName = e.parameter.empName;  ── 社員名を取得し、変数に代入
07   const type = e.parameter.type;  ── 出勤・退勤の区別を取得し、変数に代入
08   return HtmlService.createTemplateFromFile("index").
   evaluate();
09 }
10
11 function getNameList() {
   ...
   }
```

<div class="point">

ここもポイント ｜ イベントオブジェクトの引数名について

イベントオブジェクトの引数名は「e」ではなくても動作しますが、リファレンスでも「e」が使われており、また、JavaScriptのイベントリスナーでも、慣習としてイベントは「e」で受け取ることが一般です。これらのことから、他の人がコードを見たときなど、メンテナンス性を考えると、「e」を使うのがよいでしょう。

</div>

社員のスプレッドシートを特定する

　HTML側から、社員名および出勤・退勤の区別を受け取ることができました。ここからは、本格的にスクリプト側の処理を作成していきます。

　まず、受け取った社員名から書き込むべき勤務表のスプレッドシートを特定する、identifyTargetFile関数を作成します。doGet関数に、identifyTargetFile関数の呼び出しを記述します。引数には、パラメータで受け取った社員名が代入されている、変数inputNameを指定します。

```
05  function doGet(e) {
06    const inputName = e.parameter.empName;        identifyTargetFile関数を
07    const type = e.parameter.type;                呼び出す
08    const targetFile = identifyTargetFile(inputName);
09
10    return HtmlService.createTemplateFromFile("index").evaluate();
11  }
```

identifyTargetFile関数の実装

　identifyTargetFile関数の処理を見ていきましょう。まず、「勤務表」フォルダからすべての勤務表スプレッドシートを取得しておきます。

　勤務表スプレッドシートの名前は「勤務表_202007_清水智子」のような形式になっています。そこで**社員名以外の部分とマッチする正規表現**を作成し、変数regExpに代入しておきます。

　while文により、すべての勤務表スプレッドシートに対して繰り返し処理を行います。繰り返し処理の中では、JavaScript標準のreplace関数と、先ほど作成した正規表現を使い、勤務表スプレッドシートの名前から社員名以外の部分を空文字列に置換して、残った社員名のみを変数empNameに代入します。

　そしてその社員名と、HTML側から受け取った社員名を比較していきます。if文でinputName == empName、つまりHTML側から受け取った社員名と、勤務表スプレッドシートの名前から抽出した社員名が一致するかチェックします。こうして、ドロップダウンで選択された社員名に合致する勤務表のスプレッドシートを検索していくわけです。見つかったら、その勤務表のスプレッドシートのFileオブジェクトを呼び出し元に返します。

chapter6_1.gs（続き）

```
                                               「勤務表」フォルダからすべて
                                               のファイルを取得
13  function identifyTargetFile (inputName) {
14    const files = employeeFolder.getFiles();
15    const regExp = /勤務表_\d{6}_/;              正規表現を作成
16
17    while (files.hasNext()) {
18      const file = files.next();
19      const fileName = file.getName();          ファイル名を取得
20
21      const empName = fileName.replace(regExp, "");   ファイル名から
                                                        社員名を抽出
22
23      if (inputName == empName) {               社員名を比較
```

```
24        return file;
25      }
26    }
27  }
28
29  function getNameList() {
    ...
```

◢ 勤務表スプレッドシートに出勤・退勤時刻を書き込む

　書き込みを行う対象の勤務表スプレッドシートが特定できました。いよい
よ、その勤務表スプレッドシートに書き込みを行います。そのための関数、
writeToTargetFile関数を作成します。

　doGet関数に、writeToTargetFile関数の呼び出しを記述します。引数には、
先ほどのidentifyTargetFile関数で取得した、対象の勤務表スプレッドシー
トのFileオブジェクト（targetFile）、およびパラメータで受け取った出退勤
区別（type）を指定します。

chapter6_1.gs

```
05  function doGet(e) {
06    const inputName = e.parameter.empName;
07    const type = e.parameter.type;
08    const targetFile = identifyTargetFile(inputName);
09    writeToTargetFile(targetFile, type);  ── writeToTargetFileを呼び出す
10
11    return HtmlService.createTemplateFromFile("index").
    evaluate();
12  }
13
14  function identifyTargetFile (inputName) {
    ...
```

writeToTargetFile関数の実装

　writeToTargetFile関数の処理を見ていきましょう。まずは、引数で受け
とった対象スプレッドシートのFileオブジェクトから、アクティブなシート
を取得します。そして、シートから日付が記入されているセル範囲の全体を
取得し、さらにそこから値を取得し、変数valuesに代入しておきます（日付
欄はA4:A34で固定されていることが前提です）。

取得するセル範囲

　対象スプレッドシートから取得した日付データ（values）に対して、for文による繰り返し処理を行います。日付欄のすべての日付に対して、実行当日の日付が合致するか比較していきます。

　合致したら次は、出勤なのか退勤なのかを調べます。if文による条件分岐で、パラメータの値が"begin"であるか、"finish"であるかを判定し、時刻を記録する列を選択しています。ここまできて、ようやくsetValueメソッドで時刻を書き込みます。ちなみに、ここではChapter 4でも使用したMomentライブラリを使っているので、P.129を参考に**Momentライブラリの導入**も済ませておいてください。

chapter6_1.gs（続き）

```
30   function writeToTargetFile(targetFile, type) {
31     const employeeSheet = SpreadsheetApp.open(targetFile).
       getActiveSheet();
32     const values = employeeSheet.getRange("A4:A34").getValues();   ┐
                                                              日付欄のセル範囲を取得
33
34     for (i = 0; i < values.length; i++) {
35       const date = new Date(values[i][0]);   ← 日付欄の日付をDate
                                                    オブジェクトに変換
36
37       if (Moment.moment(date).format("YYYYMMDD") == Moment.
         moment().format("YYYYMMDD")) {
                                   日付欄の日付と実行日
                                   が一致したかチェック
38         const targetRow = i + 4;   ← 記録欄は4行目から
                                         始まるのでプラス4
```

```
39
40        if (type == "begin") {   ──────── 出勤・退勤の区別を判定
41            employeeSheet.getRange(targetRow, 2, 1,
   1).setValue(Moment.moment(now).format("HH:mm"));
42            return;   ──────────── データを書き込んで関数終了
43        } else if (type == "finish") {
44            employeeSheet.getRange(targetRow, 3, 1,
   1).setValue(Moment.moment(now).format("HH:mm"));
45            return;   ──────────── データを書き込んで関数終了
46        }
47      }
48    }
49  }
50
51  function getNameList() {
    ...
```

　最後にdoGet関数に、フォームからの送信のときだけスプレッドシートへの書き込みを行うようにif文を追加します。doGet関数は最初にWebページを表示したときにも呼び出されるため、これがないとエラーが発生してしまいます。

chapter6_1.gs（続き）

```
05  function doGet(e) {
06    if(e.parameter.empName != null){   ──────── if文を追加
07      const inputName = e.parameter.empName;
08      const type = e.parameter.type;
09      const targetFile = identifyTargetFile(inputName);
10      writeToTargetFile(targetFile, type);
11    }
12    return HtmlService.createTemplateFromFile("index").evaluate();
13  }
```

　これで作成は完了です。なお、このサンプルスクリプトでは、午前0時（24時）以降に打刻すると、ロジック上翌日の日付になるため、日付をまたいでの勤務には対応していません。

　最後に、サンプルスクリプトの全体像を掲載しておきます。

index.html

```
01  <!DOCTYPE html>
02  <html lang="ja">
```

```
03    <head>
04      <base target="_top">
05      <title>出退勤記録アプリ</title>
06    </head>
07  <body>
08    <h1>出退勤記録アプリ</h1>
09    <h2 id="datetime"></h2>
10    <form method="GET" action="">
11    <select name="empName">
12    <? var nameList = getNameList() ?>
13    <? for (var i = 0; i < nameList.length; i++) { ?>
14    <option><?= nameList[i][1] ?></option>
15    <? } ?>
16    </select>
17    <button type="submit" name="type" value="begin">出勤</button>
18    <button type="submit" name="type" value="finish">退勤</
    button>
19    </form>
20    <script type="text/javascript">
21      function datetime(){
22        var now = new Date();
23        document.getElementById("datetime").innerHTML = now.
    toLocaleString();
24      }
25      setInterval(datetime, 1000);
26    </script>
27  </body>
28  </html>
```

chapter6_1.gs

```
01  const adminFolder = DriveApp.getFolderById('XXXXXXXXXX');
02  const employeeFolder = DriveApp.getFolderById('XXXXXXXXXX');
03  const now = new Date();
04
05  function doGet(e) {
06    if(e.parameter.empName != null){
07      const inputName = e.parameter.empName;
08      const type = e.parameter.type;
09      const targetFile = identifyTargetFile(inputName);
10      writeToTargetFile(targetFile, type);
11    }
12    return HtmlService.createTemplateFromFile("index").evaluate();
13  }
14
15  function identifyTargetFile (inputName) {
16    const files = employeeFolder.getFiles();
17    const regExp = /勤務表_\d{6}_/;
18
19    while (files.hasNext()) {
```

```
20    const file = files.next();
21    const fileName = file.getName();
22
23    const empName = fileName.replace(regExp, "");
24
25    if (inputName == empName) {
26      return file;
27    }
28  }
29 }
30 function writeToTargetFile(targetFile, type) {
31    const employeeSheet = SpreadsheetApp.open(targetFile).
      getActiveSheet();
32    const values = employeeSheet.getRange("A4:A34").getValues();
33
34    for (i = 0; i < values.length; i++) {
35      const date = new Date(values[i][0]);
36
37      if (Moment.moment(date).format("YYYYMMDD") == Moment.
        moment().format("YYYYMMDD")) {
38        const targetRow = i + 4;
39
40        if (type == "begin") {
41          employeeSheet.getRange(targetRow, 2, 1,
          1).setValue(Moment.moment(now).format("HH:mm"));
42          return;
43        } else if (type == "finish") {
44          employeeSheet.getRange(targetRow, 3, 1,
          1).setValue(Moment.moment(now).format("HH:mm"));
45          return;
46        }
47      }
48    }
49 }
50
51 function getNameList() {
52    const empMasterFile = SpreadsheetApp.open(adminFolder.
      getFilesByName("社員マスタ").next());
53    const empMasterSheet = empMasterFile.getActiveSheet();
54    const empData = empMasterSheet.getRange(2, 1,
      empMasterSheet.getLastRow() - 1, empMasterSheet.
      getLastColumn()).getValues();
55    return empData;
56 }
```

○63 スケジュール管理Webアプリの動作イメージを確認する

■ サンプルスクリプトの概要

先ほどの出退勤記録アプリは、ブラウザから送信したデータをスプレッドシートに登録するものでした。今回のスケジュール管理Webアプリは、複数のスプレッドシートからデータを収集し、それをブラウザに表示します。つまり、データの流れが逆になります。

収集対象のスプレッドシート

スプレッドシートは、仕事の案件ごとに作成しておきます。各案件のスプレッドシートには、工程名やその担当者、開始予定、終了予定の日付を記載しておきます。工程が完了したら、担当者が完了と記録します。

個別のスプレッドシートがあるだけでも、作業の把握や管理を行うことはできます。しかし、すべての案件のスケジュールを網羅的に確認することができません。また、担当者が複数の案件に携わっている場合、どの案件に携わっていて、その進捗状況がどうなっているのかもわかりにくいです。

そこで、今回のサンプルスクリプトは、これらのスプレッドシートからデータを収集し、まとめた情報をブラウザに表示します。

画面表示

最終的な画面は次のようになります。ブラウザでページを表示すると「案件順表示」画面が表示されます。ここでは、案件ごとに各工程、開始・終了予定の日付、担当者名、完了・未完了、そしてスケジュールに対する遅れの有無を確認することができます。

案件順表示

担当者順表示

案件	工程	開始予定	終了予定	担当	完了	遅れ
001_残高更新部品改修	単体テスト設計書	05/15	05/25	田中	○	
001_残高更新部品改修	テスト設計書レビュー	05/26	06/10	吉岡	○	
001_残高更新部品改修	テスト設計書修正	06/10	06/13	田中	-	遅れ
002_共通チェック部品改修	プログラム設計	05/15	05/25	田中	○	
002_共通チェック部品改修	製造	05/26	06/10	吉岡	○	
002_共通チェック部品改修	レビュー	06/16	06/16	吉岡	○	
002_共通チェック部品改修	レビュー修正	06/16	06/16	清水	-	遅れ
002_共通チェック部品改修	再レビュー	06/16	06/20	吉岡	-	遅れ
003_税額計算部品改修	プログラム設計	05/01	05/20	吉岡	○	
003_税額計算部品改修	製造	05/20	06/10	吉岡	○	
003_税額計算部品改修	レビュー	06/10	06/16	田中	○	
003_税額計算部品改修	レビュー修正	06/16	06/21	清水	-	遅れ
003_税額計算部品改修	再レビュー	06/21	06/23	田中	-	遅れ

案件順に並べ替え

この画面で、[担当者順表示] ボタンをクリックすると、「担当者順表示」画面に切り替わります。この画面では、担当者順に並べ替えられるので、各メンバーがどのような作業を受け持っているのか、状況を確認することができます。

担当者順表示

案件順表示

案件	工程	開始予定	終了予定	担当	完了	遅れ
001_残高更新部品改修	テスト設計書レビュー	05/26	06/10	吉岡	○	
002_共通チェック部品改修	製造	05/26	06/10	吉岡	○	
002_共通チェック部品改修	レビュー	06/16	06/16	吉岡	○	
002_共通チェック部品改修	再レビュー	06/16	06/20	吉岡	-	遅れ
003_税額計算部品改修	プログラム設計	05/01	05/20	吉岡	○	
003_税額計算部品改修	製造	05/20	06/10	吉岡	○	
002_共通チェック部品改修	レビュー修正	06/16	06/16	清水	-	遅れ
003_税額計算部品改修	レビュー修正	06/16	06/21	清水	-	遅れ
001_残高更新部品改修	単体テスト設計書	05/15	05/25	田中	○	
001_残高更新部品改修	テスト設計書修正	06/10	06/13	田中	-	遅れ
002_共通チェック部品改修	プログラム設計	05/15	05/25	田中	○	
003_税額計算部品改修	レビュー	06/10	06/16	田中	○	
003_税額計算部品改修	再レビュー	06/21	06/23	田中	-	遅れ

┤ 担当者順に並べ替え ├

◢ フォルダ構成

　フォルダ構成は次のようになります。Chapter6_2フォルダの下にスクリプト本体のファイルと［スケジュール］フォルダが配置されています。

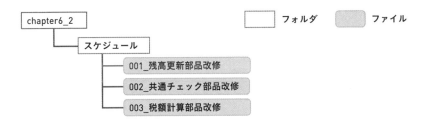

```
chapter6_2                              □ フォルダ    ▨ ファイル
        └─ スケジュール
                ├─ 001_残高更新部品改修
                ├─ 002_共通チェック部品改修
                └─ 003_税額計算部品改修
```

［スケジュール］フォルダ

　［スケジュール］フォルダの中には、次のようなフォーマットでスケジュールを記載したスプレッドシートを格納します。スプレッドシートは必ず案件ごとに1つ用意してください。スプレッドシートのファイル名が案件名として扱われます。

	A	B	C	D	E	F	G
1		開始予定	終了予定	担当	完了		
2	単体テスト設計書	5/15	5/25	田中	○ ▾		
3	テスト設計書レビュー	5/26	6/10	吉岡	○ ▾		
4	テスト設計書修正	6/10	6/13	田中	- ▾		
5							
6							
7							

スプレッドシートの各列に共通して次の形式でデータを記入します。

- **A列 工程名**：各工程の名前を記入します。
- **B列 開始予定**：各工程の開始日を記入します。
- **C列 終了予定**：各工程の終了予定日を記入します。
- **D列 担当**：各工程の担当者を記入します。
- **E列 完了**：各工程の完了・未完了を入力します。完了している場合は○、未完了 の場合は-を入力します。[データの入力規則]機能でリストから選ぶ 形式にしてもいいでしょう。

ここもポイント | **スクリプトレットを使わずにGASの関数を利用する**

スクリプトレットを使わずにGASのスクリプト内の関数を実行することもできます。 ページ全体を更新せずに非同期通信でやりとりするので、AJAXの知識がある人なら こちらのほうが使いやすいでしょう。 GASのスクリプト内の関数を呼び出すには、google.script.runメソッドを利用します。

```
google.script.run.GASのスクリプトで定義した関数();
```

GASの関数の戻り値は非同期通信で返されるので、それを使いたい場合は、 withSuccessHandlerメソッドやwithFailureHandlerメソッドを組み合わせます。

```
google.script.run
  .withSuccessHandler(成功時に実行する関数)
  .withFailureHandler(失敗時に実行する関数)
  .GASのスクリプトで定義した関数();
```

詳しくは公式ドキュメントの解説を参照してください。 https://developers.google.com/apps-script/guides/html/reference/run

064 | HTMLファイルを作成して表示する

☑ HTMLファイルの作成（案件順表示）

まずは、ページの大枠を作成しましょう。最初に表示されるページ「案件順表示」にあたる、byProject.htmlを作成し、次のように記述します。formタグのaction属性の値は、空にしておきます。

byProject.html

```
01  <!DOCTYPE html>
02  <html>
03    <head>
04      <base target="_top">
05    </head>
06    <body>
07      <h1>案件順表示</h1>
08      <form method="GET" action="">
09      <button type="submit" name="orderBy" value="person">担当者順表示</button>
10      </form>
11      <br>
12      <table border="1">
13      <tr>
14        <th>案件</th>
15        <th>工程</th>
16        <th>開始予定</th>
17        <th>終了予定</th>
18        <th>担当</th>
19        <th>完了</th>
20        <th>遅れ</th>
21      </tr>
22      </table>
23    </body>
24  </html>
```

なお、本書の執筆時点では、実際の開発現場においてもInternet Exproler での実行を考慮して、HTML側のJavaScriptではconstおよびletは使用しないことが一般的なので、本書でもそれに合わせています。

◢ スクリプトファイル

　続いて、スクリプト側を実装しましょう。まずはグローバル領域で［スケジュール］フォルダを取得しておきます。

chapter6_2.gs

```
01  const scheduleFolder = DriveApp.getFolderById("XXXXXXXXXX");
```
［スケジュール］フォルダを取得

◢ doGet関数

　続いて、doGet関数を定義します。あとでイベントオブジェクトを使うので、引数eを付けておきます。createTemplateFromFile関数の引数に、HTMLファイル名「byProject」を指定します。

chapter6_2.gs

```
01  const scheduleFolder = DriveApp.getFolderById("XXXXXXXXXX");
02
03  function doGet(e) {                doGet関数を定義
04    return HtmlService.createTemplateFromFile("byProject").
    evaluate();
05  }
```

　この状態でデプロイし、アプリを実行してみましょう。次のように、タイトル、［担当者順表示］ボタン、そしてテーブルの見出し行部分が表示されます。

案件順表示

担当者順表示

案件	工程	開始予定	終了予定	担当	完了	遅れ

○65 | スプレッドシートから データを取得する

　ここからはスプレッドシートからデータを取得し、それを表示する処理を作成していきます。ここでは取得したデータを、以下のような配列にまとめるところまでを解説します。

```
[
    [001_残高更新部品改修, 単体テスト設計書, 05/15, 05/25, 田中, ○, ],
    [001_残高更新部品改修, テスト設計書レビュー, 05/26, 06/10, 吉岡, ○, ],
    [001_残高更新部品改修, テスト設計書修正, 06/10, 06/13, 田中, -, 遅れ]
]
```

　スクリプトレットを記述し、スプレッドシートからデータを取得するための、getData関数を呼び出すようにします。そしてその戻り値を変数dataに代入します。

byProject.html（続き）

```html
01  <!DOCTYPE html>
02  <html>
03    <head>
04      <base target="_top">
05    </head>
06    <body>
07      <h1>案件順表示</h1>
08      <form method="GET" action="">
09        <button type="submit" name="orderBy" value="person">担当者順
    表示</button>
10      </form>
11      <br>
12      <? var data = getData() ?>
13      <table border="1">
14      <tr>
15        <th>案件</th>
16        <th>工程</th>
17        <th>開始予定</th>
18        <th>終了予定</th>
19        <th>担当</th>
20        <th>完了</th>
21        <th>遅れ</th>
```

12行目 getData関数を呼び出し

6

Webアプリを作成する

243

```
22        </tr>
23      </table>
24    </body>
25  </html>
```

☑ getData関数

スクリプト側にgetData関数を実装します。

［スケジュール］フォルダからすべてのスプレッドシートを取得するために、while文とhasNextメソッドを組み合わせて、繰り返し処理を行います。getDataRangeメソッドでデータがあるセル範囲を取得し、範囲内のデータを変数valuesに代入しておきます。配列の先頭データを取り除くshiftメソッドを使って、valuesから見出し行のデータを削除します。while文の最後にLogger.log()を記述し、valuesをログ出力しましょう。

chapter6_2.gs（続き）

```
    ...
07  function getData() {
08    const files = scheduleFolder.getFiles();
09    let values;
10    let newList = [];
11
12    while (files.hasNext()) {
13      const file = files.next();
14      const sheet = SpreadsheetApp.open(file).getActiveSheet();
15      values = sheet.getDataRange().getValues();
16      values.shift();
17      Logger.log(values); ──────[ログ出力]
18    }
19  }
```

Webアプリでのログの確認

ここまでの状態でデプロイ、実行を行い、ログの出力を確認してみましょう。これまで使ってきたログ表示では、Webアプリのログは確認できません。表示すると「このエディタ セッションで実行された関数はありません。」と表示されてしまいます。

Webアプリの場合は、**Apps Script ダッシュボード**という画面でログを確認することができます。ログ画面の左下、［Apps Script ダッシュボード］の文字をクリックします。

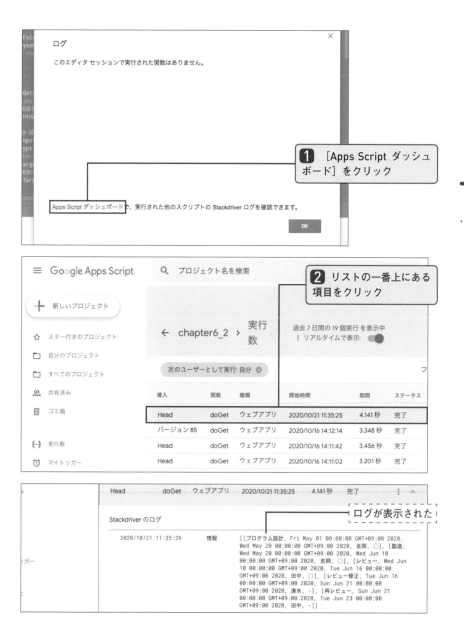

ログ

このエディタ セッションで実行された関数はありません。

❶ ［Apps Script ダッシュ
ボード］をクリック

Apps Script ダッシュボード で、実行された他のスクリプトの Stackdriver ログを確認できます。

OK

≡ Google Apps Script   🔍 プロジェクト名を検索

❷ リストの一番上にある
項目をクリック

╋ 新しいプロジェクト

← chapter6_2 ＞   実行数

過去 7 日間の 19 個実行 を表示中
｜ リアルタイムで表示：

☆ スター付きのプロジェクト

🗀 自分のプロジェクト

🗀 すべてのプロジェクト

次のユーザーとして実行: 自分 ⊗

👥 共有済み

🗑 ゴミ箱

導入	関数	種類	開始時間	期間	ステータス
Head	doGet	ウェブアプリ	2020/10/21 11:35:25	4.141 秒	完了
バージョン 85	doGet	ウェブアプリ	2020/10/16 14:12:14	3.348 秒	完了
Head	doGet	ウェブアプリ	2020/10/16 14:11:42	3.456 秒	完了
Head	doGet	ウェブアプリ	2020/10/16 14:11:02	3.201 秒	完了

⟨··⟩ 実行数

⏱ マイトリガー

Head	doGet	ウェブアプリ	2020/10/21 11:35:25	4.141 秒	完了	⋮ ∧

ログが表示された

Stackdriver のログ

2020/10/21 11:35:26   情報   [[プログラム設計, Fri May 01 00:00:00 GMT+09:00 2020,
Wed May 20 00:00:00 GMT+09:00 2020, 吉岡, ○], [製造,
Wed May 20 00:00:00 GMT+09:00 2020, Wed Jun 10
00:00:00 GMT+09:00 2020, 吉岡, ○], [レビュー, Wed Jun
10 00:00:00 GMT+09:00 2020, Tue Jun 16 00:00:00
GMT+09:00 2020, 田中, ○], [レビュー修正, Tue Jun 16
00:00:00 GMT+09:00 2020, Sun Jun 21 00:00:00
GMT+09:00 2020, 清水, -], [再レビュー, Sun Jun 21
00:00:00 GMT+09:00 2020, Tue Jun 23 00:00:00
GMT+09:00 2020, 田中, -]]

　ログに表示されたデータを整理すると、次のようになります。valuesに2
次元配列の形で記録されていることがわかります。

```
[
  [単体テスト設計書, Fri May 15 00:00:00 GMT+09:00 2020, Mon
May 25 00:00:00 GMT+09:00 2020, 田中, ○],
  [テスト設計書レビュー, Tue May 26 00:00:00 GMT+09:00 2020,
Wed Jun 10 00:00:00 GMT+09:00 2020, 吉岡, ○],
  [テスト設計書修正, Wed Jun 10 00:00:00 GMT+09:00 2020, Sat
Jun 13 00:00:00 GMT+09:00 2020, 田中, -]
]
```

　この変数valuesのデータに対し、現時点で足りないデータを追加し、デー
タを整形していきます。必要な処理は次の通りです。

- 末尾（配列の7列目）に表示する、「遅れ」の有無のデータを追加する
- 開始日、終了日を処理しやすい形に整形する
- 先頭（配列の1列目）に案件名のデータを追加する

遅れの有無

　案件が終了日になっても完了していない場合は、「遅れ」というデータを
追加します。この処理を行うcheckBehind関数を定義します。getDate関数
のwhile文のブロック内にcheckBehind関数の呼び出しを追加します。引数
に変数valuesを指定し、戻り値を再びvaluesに代入します。

chapter6_2.gs（続き）

```
     ...
07   function getData() {
08     const files = scheduleFolder.getFiles();
09     let values;
10     let newList = [];
11
12     while (files.hasNext()) {
13       const file = files.next();
14       const sheet = SpreadsheetApp.open(file).getActiveSheet();
15       values = sheet.getDataRange().getValues();
16       values.shift();
17
18       values = checkBehind(values); ——— checkBehind関数を呼び出す
19     }
20   }
```

　checkBehind関数では、引数として受け取ったvaluesのデータに対して、
繰り返し処理を行います。完了／未完了を表す「○」「-」は、内側の配列の5

番目、つまりインデックスの4番目に格納されているので、そこをチェックします。未完了だった場合は、Momentライブラリで終了日が本日よりあとかをチェックし、その場合は文字列「遅れ」を追加します。そうでない場合は空文字「""」を追加します。

chapter6_2.gs（続き）

```
    ...
22  function checkBehind(values) {
23    for (let i = 0; i < values.length; i++) {      完了していない場合、
24      if (values[i][4] === "-") {                   遅れていないか判定
25        const endDate = Moment.moment(new Date(values[i][2])).
    format();                                         終了日と本日を比較
26        if (Moment.moment().isAfter(endDate)) {
27          values[i].push("遅れ");      終了日を過ぎている場合は「遅れ」をpush
28        } else {
29          values[i].push("");          終了日前の場合は空文字をpush
30        }
31      } else {
32        values[i].push("");            完了している場合は空文字をpush
33      }
34    }
35    return values;
36  }
```

　checkBehind関数の処理が終わると、変数valuesの中身には、次のように「遅れ」の有無が追加されています。

```
[
  [単体テスト設計書, Fri May 15 00:00:00 GMT+09:00 2020, Mon
May 25 00:00:00 GMT+09:00 2020, 田中, ○, ],
  [テスト設計書レビュー, Tue May 26 00:00:00 GMT+09:00 2020,
Wed Jun 10 00:00:00 GMT+09:00 2020, 吉岡, ○, ],
  [テスト設計書修正, Wed Jun 10 00:00:00 GMT+09:00 2020, Sat
Jun 13 00:00:00 GMT+09:00 2020, 田中, -, 遅れ]
  ]
```

日付のフォーマットの修正

　日付データが長すぎるので、画面表示しやすいMM/DD形式に直します。この処理を**formatDate関数**として定義します。getData関数のwhile文のブロック内にformatDate関数の呼び出しを追加します。引数に変数valuesを指定し、戻り値を再びvaluesに代入します。

chapter6_2.gs（続き）

```
...
07  function getData() {
08    const files = scheduleFolder.getFiles();
09    let values;
10    let newList = [];
11
12    while (files.hasNext()) {
13      const file = files.next();
14      const sheet = SpreadsheetApp.open(file).getActiveSheet();
15      values = sheet.getDataRange().getValues();
16      values.shift();
17
18      values = checkBehind(values);
19      values = formatDate(values);  ────── formatDate関数を呼び出す
20    }
21  }
```

　formatDate関数では、引数として受け取ったvaluesのデータに対して、for文による繰り返し処理を行います。Momentライブラリのmomentメソッドとformatメソッドを使って、開始日と終了日のフォーマットを変換した上で、代入し直します。繰り返し処理が終わったら、呼び出し元のgetData関数にvaluesを返して、formatDate関数の処理は終了です。

chapter6_2.gs（続き）

```
...
39  function formatDate(values) {  ──── formatDate関数を定義
40    for (let i = 0; i < values.length; i++) {
41      values[i][1] = Moment.moment(new Date(values[i][1])).
      format("MM/DD");
42      values[i][2] = Moment.moment(new Date(values[i][2])).
      format("MM/DD");  ───── 開始日と終了日は書式をMM/DDの形に直す
43    }
44    return values;
45  }
```

formatDate関数による処理の結果、変数valuesに再度代入された1件分の
データは、次のようになっています。

```
[
  [単体テスト設計書, 05/15, 05/25, 田中, ○, ],
  [テスト設計書レビュー, 05/26, 06/10, 吉岡, ○, ],
  [テスト設計書修正, 06/10, 06/13, 田中, -, 遅れ]
]
```

案件名の取得

最後にデータに案件名を追加します。案件名はシート内には記載されてい
ないので、スプレッドシートの名前から取得する必要があります。案件名を
取得し、valuesのデータに追加する**insertProjectName関数**を定義します。

getDate関数のwhile文のブロック内にinsertProjectName関数の呼び出し
を追加します。引数には変数valuesと、スプレッドシートのファイルオブジ
ェクトが代入されている変数fileを指定します。

chapter6_2.gs（続き）

```
   ...
07 function getData() {
08   const files = scheduleFolder.getFiles();
09   let values;
10   let newList = [];
11
12   while (files.hasNext()) {
13     const file = files.next();
14     const sheet = SpreadsheetApp.open(file).getActiveSheet();
15     values = sheet.getDataRange().getValues();
16     values.shift();
17
18     values = checkBehind(values);
19     values = formatDate(values);
20     values = insertProjectName(values, file);
21   }                            insertProjectName関数を呼び出す
22 }
```

insertProjectName関数では、引数として受け取ったvaluesのデータに対
して、for文による繰り返し処理を行います。for文のブロック内では、変数
valuesの内側の配列に対し、JavaScriptに標準で用意されている**spliceメソ
ッド**を使って、案件名のデータを追加します。spliceメソッドは、配列に対

して要素の追加や削除が行えるメソッドです。

```
配列.splice(開始位置, [削除する要素数], [追加する要素])
```

ここでは、第1引数に0、第2引数に0、第3引数にファイル名を指定することで、内側の配列の先頭に案件名の文字列を追加しています。

chapter6_2.gs（続き）

```
     ...
48   function insertProjectName(values, file) {
49     for (let i = 0; i < values.length; i++) {
50       values[i].splice(0, 0, file.getName());
51     }
52     return values;
53   }
```

ファイル名を取得して配列の先頭に挿入

insertProjectName関数による処理を行ったデータは、次のようになっています。

```
[
  [001_残高更新部品改修, 単体テスト設計書, 05/15, 05/25, 田中, ○, ],
  [001_残高更新部品改修, テスト設計書レビュー, 05/26, 06/10, 吉岡, ○, ],
  [001_残高更新部品改修, テスト設計書修正, 06/10, 06/13, 田中, -, 遅れ]
]
```

これでスプレッドシートの1つ分のデータが整理できました。次は複数のスプレッドシートのデータをまとめ、HTMLとして表示する処理です。

·066 | データをHTMLとして表示する

■ すべてのデータを1つの配列にまとめる

getData関数内で空の配列を作成し、newListという変数に代入しておきます。ここにスプレッドシートのデータを連結していって、全案件のデータを1つの配列にします。

配列を連結するには、JavaScript標準のconcatメソッドを使用します。concatメソッドは、対象の配列に、引数で指定した配列を追加します。

```
配列.concat()
```

空の配列newListに、valuesを追加しています。

chapter6_2.gs（続き）

```
   ...
07 function getData() {
08   const files = scheduleFolder.getFiles();
09   let values;
10   let newList = [];            配列newListを宣言
11
12   while (files.hasNext()) {
13     const file = files.next();
14     const sheet = SpreadsheetApp.open(file).getActiveSheet();
15     values = sheet.getDataRange().getValues();
16     values.shift();
17
18     values = checkBehind(values);
19     values = formatDate(values);
20     values = insertProjectName(values, file);
21     newList = newList.concat(values);       concat関数による処理を追加
22   }
23   return newList;            HTML側にデータを返す
24 }
```

while文が終わった時点で、配列newListは次のようになっています。

```
[
  [003_税額計算部品改修, プログラム設計, 05/01, 05/20, 吉岡, ○, ],
  [003_税額計算部品改修, 製造, 05/20, 06/10, 吉岡, ○, ],
  [003_税額計算部品改修, レビュー, 06/10, 06/16, 田中, ○, ],
  [003_税額計算部品改修, レビュー修正, 06/16, 06/21, 清水, -, 遅れ],
  [003_税額計算部品改修, 再レビュー, 06/21, 06/23, 田中, -, 遅れ],
  [002_共通チェック部品改修, プログラム設計, 05/15, 05/25, 田中, ○, ],
  [002_共通チェック部品改修, 製造, 05/26, 06/10, 吉岡, ○, ],
  [002_共通チェック部品改修, レビュー, 06/16, 06/16, 吉岡, ○, ],
  [002_共通チェック部品改修, レビュー修正, 06/16, 06/16, 清水, -, 遅れ],
  [002_共通チェック部品改修, 再レビュー, 06/16, 06/20, 吉岡, -, 遅れ],
  [001_残高更新部品改修, 単体テスト設計書, 05/15, 05/25, 田中, ○, ],
  [001_残高更新部品改修, テスト設計書レビュー, 05/26, 06/10, 吉岡, ○, ],
  [001_残高更新部品改修, テスト設計書修正, 06/10, 06/13, 田中, -, 遅れ]
]
```

　［スケジュール］フォルダに存在する、すべてのスプレッドシートから取得、加工したデータが格納されています。この配列newListを、呼び出し元のHTML側に返します。

　案件順にソートする処理がまだできていませんが、最低限データを表示できる準備は完了しました。データの準備はいったんここまでにして、データを表示するHTML側を見てみましょう。

◢ 配列データをHTMLの表にする

　12行目のスクリプトレットで、getData関数の戻り値を変数dataに代入しています。この変数dataのデータを使って、HTMLの表に情報を追加していきます。for文を2つ入れ子にして、tr要素（表の行）とtd要素（データセル）を追加していきます。

byProject.html（続き）

```
01  <!DOCTYPE html>
02  <html>
03    <head>
04      <base target="_top">
05    </head>
06    <body>
07      <h1>案件順表示</h1>
```

```
08      <form method="GET" action="">
09      <button type="submit" name="orderBy" value="person">担当者順
    表示</button>
10      </form>
11      <br>
12      <? var data = getData() ?>
13      <table border="1">
14      <tr>
15        <th>案件</th>
16        <th>工程</th>
17        <th>開始予定</th>
18        <th>終了予定</th>
19        <th>担当</th>
20        <th>完了</th>
21        <th>遅れ</th>
22      </tr>
23      <? for (var i = 0; i < data.length; i++) { ?> ──── for文を追加
24        <tr>
25        <? for (var j = 0; j < data[i].length; j++) { ?>
26          <td><?= data[i][j] ?></td> ──── テーブルセルのデータとして表示
27        <? } ?>
28      </tr>
29      <? } ?>
30      </table>
31    </body>
32  </html>
```

この段階で実行すると、次のように表のデータが表示されます。

ソート（案件名で昇順）はできていませんが、すべてのデータが表に表示されました。それでは次に、ソート処理を実装しましょう。

▰ 案件順に並べ替える

　getData関数に配列newListのデータを、案件順かつ日付順に並べ替える（ソートする）処理を追加します。

　配列を並べ替えるには、JavaScript標準で用意されているsortメソッドを使います。sortメソッドは、対象の配列要素をソートします。

```
配列.sort()
```

　文字列や数値だけの単純な配列なら、sortメソッドを引数なしで呼び出すだけで並べ替えできます。しかし、今回のようにデータ構造が複雑な場合は、**並べ替えのルールを決める比較関数**が必要です。その比較関数をsortメソッドの引数にします。

　次のように、比較したい要素a、bを引数として受け取り、どちらが大きいかを返す処理を書きます。

```
配列.sort(function(a, b) {
    引数aよりbが大きいときは-1を返す
    引数aよりbが小さいときは1を返す
    引数aとbが等しいときは0を返す
});
```

　getData関数の配列の連結が終わったあとに、並べ替えの処理を追加します。案件名が入っているのは、内側の配列の先頭要素なので、a[0]とb[0]となります。まずそこを比較して、-1か1を返します。案件名が同じ場合は、開始日を比較します。開始日はa[2]とb[2]なので、そこを比較して-1か1を返します。開始日も同じ場合は、等しいことを意味する0を返します。

chapter6_2.gs（続き）

```
     ...
07   function getData() {
08     const files = scheduleFolder.getFiles();
09     let values;
10     let newList = [];
11
12     while (files.hasNext()) {
13       const file = files.next();
14       const sheet = SpreadsheetApp.open(file).getActiveSheet();
```

```
15      values = sheet.getDataRange().getValues();
16      values.shift();
17
18      values = checkBehind(values);
19      values = formatDate(values);
20      values = insertProjectName(values, file);
21      newList = newList.concat(values);
22    }
23
24    newList.sort(function(a, b) {
25      if (a[0] < b[0]) { return -1; }
26      if (a[0] > b[0]) { return 1; }      newListのデータを昇順でソート
27      if (a[2] < b[2]) { return -1; }
28      if (a[2] > b[2]) { return 1; }
29      return 0;
30    });
31    Logger.log(newList);               newListのデータをログ出力
32    return newList;
33  }
  ...
```

　ここまで実装できたら、Logger.log()を使ってnewListの内容を確認してみましょう。配列newListの中身は次のようになっています。

```
[
  [001_残高更新部品改修, 単体テスト設計書, 05/15, 05/25, 田中, ○, ],
  [001_残高更新部品改修, テスト設計書レビュー, 05/26, 06/10, 吉岡, ○, ],
  [001_残高更新部品改修, テスト設計書修正, 06/10, 06/13, 田中, -, 遅れ],
  [002_共通チェック部品改修, プログラム設計, 05/15, 05/25, 田中, ○, ],
  [002_共通チェック部品改修, 製造, 05/26, 06/10, 吉岡, ○, ],
  [002_共通チェック部品改修, レビュー, 06/16, 06/16, 吉岡, ○, ],
  [002_共通チェック部品改修, レビュー修正, 06/16, 06/16, 清水, -, 遅れ],
  [002_共通チェック部品改修, 再レビュー, 06/16, 06/20, 吉岡, -, 遅れ],
  [003_税額計算部品改修, プログラム設計, 05/01, 05/20, 吉岡, ○, ],
  [003_税額計算部品改修, 製造, 05/20, 06/10, 吉岡, ○, ],
  [003_税額計算部品改修, レビュー, 06/10, 06/16, 田中, ○, ],
  [003_税額計算部品改修, レビュー修正, 06/16, 06/21, 清水, -, 遅れ],
  [003_税額計算部品改修, 再レビュー, 06/21, 06/23, 田中, -, 遅れ]
]
```

　データが案件名の昇順でソートされています。ブラウザの表示も確認してみましょう。

利用規約

案件順表示

担当者順表示

案件	工程	開始予定	終了予定	担当	完了	遅れ
001_残高更新部品改修	単体テスト設計書	05/15	05/25	田中	○	
001_残高更新部品改修	テスト設計書レビュー	05/26	06/10	吉岡	○	
001_残高更新部品改修	テスト設計書修正	06/10	06/13	田中	-	遅れ
002_共通チェック部品改修	プログラム設計	05/15	05/25	田中	○	
002_共通チェック部品改修	製造	05/26	06/10	吉岡	○	
002_共通チェック部品改修	レビュー	06/16	06/16	吉岡	○	
002_共通チェック部品改修	レビュー修正	06/16	06/16	清水	-	遅れ
002_共通チェック部品改修	再レビュー	06/16	06/20	吉岡	-	遅れ
003_税額計算部品改修	プログラム設計	05/01	05/20	吉岡	○	
003_税額計算部品改修	製造	05/20	06/10	吉岡	○	
003_税額計算部品改修	レビュー	06/10	06/16	田中	○	
003_税額計算部品改修	レビュー修正	06/16	06/21	清水	-	遅れ
003_税額計算部品改修	再レビュー	06/21	06/23	田中	-	遅れ

　案件順にソートされたデータが表示されています。これで「案件順表示」画面の作成は完了です。

067 | 「担当者順表示」画面を作成する

次は「担当者順表示」画面の作成を行い、画面（ページ）を切り替える処理を加えましょう。

先ほど作成した「案件順表示」画面には、すでに［担当者順表示］ボタンが設置してあります。ただし、今はformタグのaction要素が空なので、真っ白な画面が表示されるだけです。これを修正して、ボタンをクリックしたときに「担当者順表示」画面に移動するようにします。

■ 「担当者順表示」画面のHTMLを用意する

まず「担当者順表示」画面用のHTMLを作成します。内容はほとんど同じで、変更するのは一部だけです。

- **画面のタイトルとして、h1要素の値を「担当者順表示」とする。**
- **ボタンの表示名を「担当者順表示」にする。**

byPerson.html

```
01  <!DOCTYPE html>
02  <html>
03    <head>
04      <base target="_top">
05    </head>
06    <body>
07      <h1>担当者順表示</h1>           ── 画面タイトルを記述
08      <form method="GET" action="">
09      <button type="submit" name="" value="">案件順表示</button> ┐
10      </form>                        案件順画面に移動するボタン
11      <br>
12      <? var data = getData() ?>     ── ここから先はbyProject.htmlと同様
13      <table border="1">
14      <tr>
15        <th>案件</th>
16        <th>工程</th>
17        <th>開始予定</th>
18        <th>終了予定</th>
19        <th>担当</th>
```

257

```
20        <th>完了</th>
21        <th>遅れ</th>
22      </tr>
23      <? for (var i = 0; i < data.length; i++) { ?>
24        <tr>
25        <? for (var j = 0; j < data[i].length; j++) { ?>
26          <td><?= data[i][j] ?></td>
27        <? } ?>
28        </tr>
29      <? } ?>
30      </table>
31    </body>
32  </html>
```

◪ 画面切り替え処理を追加する

byProject.htmlの修正

byProject.htmlを開いて、切り替えるための記述を追加します。まず、空にしておいた、form要素のaction属性に、[Deploy as web app]画面（P.214参照）からURLをコピーして、formタグのaction属性の値としてペーストします。

このURLは現在のWebアプリにアクセスするためのものなので、ボタンをクリックしたあとも同じWebアプリのページが表示されることになります。

また、切り替えボタンのbutton要素に対し、name属性を「orderBy」、value属性を「person」が指定されていることを確認します。

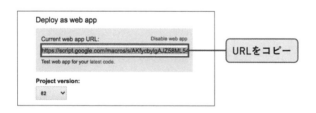

byProject.html（続き）

```
01  <!DOCTYPE html>
02  <html>
03    <head>
04      <base target="_top">
05    </head>
```

```
06    <body>
07      <h1>案件順順表示</h1>        コピーしたURLを貼り付け
08      <form method="GET" action="https://script.google.com/
        macros/s/XXXXXXXXXX/exec">
09      <button type="submit" name="orderBy" value="person">担当者順
        表示</button>
10      </form>               name属性とvalue属性を指定
11      <br>
...
```

URLパラメータの値によって条件分岐させる

次にスクリプトのdoGet関数を修正します。doGet関数は1つしかありませんが、状況に応じて「担当者順表示」画面と「案件順表示」画面を切り替えるようにする必要があります。

そのために使えるのが、先ほどbutton要素に指定したname属性とvalue属性です。name属性に「orderBy」と指定しているため、このボタンをクリックした場合、e（イベントオブジェクト）から次の形式で値を取得できます。

```
e.parameter.orderBy
```

e.parameter.orderByが「person」の場合はbyPerson.htmlを使って表示し、そうでなければbyProject.htmlを使って表示します。

chapter6_2.gs（続き）
```
03  function doGet(e) {
04    if (e.parameter.orderBy === "person") {
05      return HtmlService.createTemplateFromFile("byPerson").
      evaluate();
06    } else {
07      return HtmlService.createTemplateFromFile("byProject").
      evaluate();
08    }
09  }
...
```

これで、画面の切り替えができるようになりました。

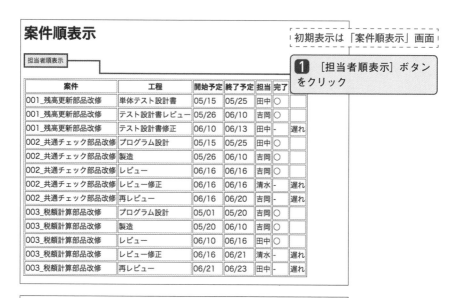

案件順表示

初期表示は「案件順表示」画面

1 ［担当者順表示］ボタンをクリック

[担当者順表示]

案件	工程	開始予定	終了予定	担当	完了	遅れ
001_残高更新部品改修	単体テスト設計書	05/15	05/25	田中	○	
001_残高更新部品改修	テスト設計書レビュー	05/26	06/10	吉岡	○	
001_残高更新部品改修	テスト設計書修正	06/10	06/13	田中	-	遅れ
002_共通チェック部品改修	プログラム設計	05/15	05/25	田中	○	
002_共通チェック部品改修	製造	05/26	06/10	吉岡	○	
002_共通チェック部品改修	レビュー	06/16	06/16	吉岡	○	
002_共通チェック部品改修	レビュー修正	06/16	06/16	清水	-	遅れ
002_共通チェック部品改修	再レビュー	06/16	06/20	吉岡	-	遅れ
003_税額計算部品改修	プログラム設計	05/01	05/20	吉岡	○	
003_税額計算部品改修	製造	05/20	06/10	吉岡	○	
003_税額計算部品改修	レビュー	06/10	06/16	田中	○	
003_税額計算部品改修	レビュー修正	06/16	06/21	清水	-	遅れ
003_税額計算部品改修	再レビュー	06/21	06/23	田中	-	遅れ

担当者順表示

「担当者順表示」画面が表示される

[案件順表示]

案件	工程	開始予定	終了予定	担当	完了	遅れ
001_残高更新部品改修	単体テスト設計書	05/15	05/25	田中	○	
001_残高更新部品改修	テスト設計書レビュー	05/26	06/10	吉岡	○	
001_残高更新部品改修	テスト設計書修正	06/10	06/13	田中	-	遅れ
002_共通チェック部品改修	プログラム設計	05/15	05/25	田中	○	
002_共通チェック部品改修	製造	05/26	06/10	吉岡	○	
002_共通チェック部品改修	レビュー	06/16	06/16	吉岡	○	
002_共通チェック部品改修	レビュー修正	06/16	06/16	清水	-	遅れ
002_共通チェック部品改修	再レビュー	06/16	06/20	吉岡	-	遅れ
003_税額計算部品改修	プログラム設計	05/01	05/20	吉岡	○	
003_税額計算部品改修	製造	05/20	06/10	吉岡	○	
003_税額計算部品改修	レビュー	06/10	06/16	田中	○	
003_税額計算部品改修	レビュー修正	06/16	06/21	清水	-	遅れ
003_税額計算部品改修	再レビュー	06/21	06/23	田中	-	遅れ

byPerson.htmlの修正

byPerson.htmlを開き、同じようにform要素のaction属性にURLを貼り付け、button要素のname属性とvalue属性を追加します。「案件順表示」画面に切り替えるボタンなので、value属性の値は「project」にしてください。

byPerson.html（続き）

```
01  <!DOCTYPE html>
02  <html>
03    <head>
04      <base target="_top">
05    </head>
06    <body>                           コピーしたURLを貼り付け
07      <h1>担当者順表示</h1>
08      <form method="GET" action="https://script.google.com/
    macros/s/XXXXXXXXXX/exec">
09      <button type="submit" name="orderBy" value="project">案件順
    表示</button>
                              「案件順表示」画面に移動するボタン
    ...
```

　このページの［案件順表示］ボタンをクリックした場合、e.parameter.orderByには「project」が入ります。「personではない」ため、doGet関数内のif文によってbyProject.htmlが表示されます。

担当者順にソートする

　「案件順表示」画面と「担当者順表示」画面の切り替えはできるようになりましたが、現時点では「担当者順表示」画面でも、案件順にデータがソートされて表示されてしまっています。これを担当者順にソートするように修正しましょう。

　getData関数のソート順を引数で切り替えできるようにします。byProject.htmlを開き、12行目のgetData関数の呼び出し時に"byProject"という引数を指定します。

byProject.html（続き）

```
01  <!DOCTYPE html>
02  <html>
03    <head>
04      <base target="_top">
05    </head>
06    <body>
07      <h1>案件順表示</h1>
08      <form method="GET" action="https://script.google.com/
    macros/s/XXXXXXXXXX/exec">
09      <button type="submit" name="orderBy" value="person">担当者順
    表示</button>
10      </form>
11      <br>
```

```
12      <? var data = getData("byProject") ?>
13      <table border="1">                        ┌─ 引数を追加
14      <tr>
15        <th>案件</th>
16        <th>工程</th>
```

byPerson.htmlでは、12行目のgetData関数の呼び出し時に"byPerson"という引数を指定します。

byPerson.html（続き）

```
01   <!DOCTYPE html>
02   <html>
03     <head>
04       <base target="_top">
05     </head>
06     <body>
07       <h1>担当者順表示</h1>
08       <form method="GET" action="https://script.google.com/
     macros/s/XXXXXXXXXX/exec">
09       <button type="submit" name="orderBy" value="project">案件順
     表示</button>
10       </form>
11       <br>                             ┌─ 引数を追加
12       <? var data = getData("byPerson") ?>
13       <? Logger.log("dataProject:===>", data) ?>
14       <table border="1">
15       <tr>
16         <th>案件</th>
17         <th>工程</th>
```

getData関数の修正

getData関数に引数orderを記述して、HTML側から渡される値（"byPerson"または"byProject"）を受け取るようにします。

次に、記述済みのsortメソッドによる案件順のソート処理を、ifブロックで囲います。そして条件式にorder === "byProject"と記述します。つまり、引数として渡された値が"byProject"（＝呼び出し元のHTMLがbyProject.html）である場合は、案件名の昇順でソートするようにします。

つづけて、elseブロックを追加します。ここにはあとで「"byProject"ではない」ときの処理を書きます。

chapter6_2.gs（続き）

```
11  function getData(order) {                   引数でHTML側から値を受け取る
12    const files = scheduleFolder.getFiles();
13    let values;
14    let newList = [];
15
16    while (files.hasNext()) {
17      const file = files.next();
18      const sheet = SpreadsheetApp.open(file).getActiveSheet();
19      values = sheet.getDataRange().getValues();
20      values.shift();
21
22      values = checkBehind(values);
23      values = formatDate(values);
24      values = insertProjectName(values, file);
25      newList = newList.concat(values);
26    }
27
28    if (order === "byProject") {              引数の値が"byProject"かどうか判定
29      newList.sort(function(a, b) {
30        if (a[0] < b[0]) { return -1; }
31        if (a[0] > b[0]) { return 1; }
32        if (a[2] < b[2]) { return -1; }
33        if (a[2] > b[2]) { return 1; }
34        return 0;
35      });
36    } else {
37                       byProjectではない場合
38    }
39    return newList;
40  }
```

担当者順のソート

　elseブロックの中に、担当者順のソート処理を記述します。sortメソッド
を使う、ソートの仕組みは案件順のソートと同様です。担当者のa[4]とb[4]
の比較処理を追加します。担当者が等しい場合は、案件名と開始日の順でソ
ートします。

chapter6_2.gs（続き）

```
   ...
22      values = checkBehind(values);
23      values = formatDate(values);
24      values = insertProjectName(values, file);
25
```

```
26       newList = newList.concat(values);
27    }
28
29    if (order === "byProject") {
30      newList.sort(function(a, b) {
31        if (a[0] < b[0]) { return -1; }
32        if (a[0] > b[0]) { return 1; }
33        if (a[2] < b[2]) { return -1; }
34        if (a[2] > b[2]) { return 1; }
35        return 0;
36      });
37    } else {
38      newList.sort(function(a, b) {
39        if (a[4] < b[4]) { return -1; }
40        if (a[4] > b[4]) { return 1; }
41        if (a[0] < b[0]) { return -1; }
42        if (a[0] > b[0]) { return 1; }
43        if (a[2] < b[2]) { return -1; }
44        if (a[2] > b[2]) { return 1; }
45        return 0;
46      });
47    }
48    return newList;
49  }
    ...
```

担当者、案件名、開始日の順にソート

デプロイし、「案件別表示」画面を表示し、ボタンをクリックして「担当者順表示」画面を表示してみましょう。担当者名順に昇順でソートされていることがわかります。

担当者順表示

担当者順に昇順でソートされている

案件順表示

案件	工程	開始予定	終了予定	担当	完了	遅れ
001_残高更新部品改修	テスト設計書レビュー	05/26	06/10	吉岡	○	
002_共通チェック部品改修	製造	05/26	06/10	吉岡	○	
002_共通チェック部品改修	レビュー	06/16	06/16	吉岡	○	
002_共通チェック部品改修	再レビュー	06/16	06/20	吉岡	-	遅れ
003_税額計算部品改修	プログラム設計	05/01	05/20	吉岡	○	
003_税額計算部品改修	製造	05/20	06/10	吉岡	○	
002_共通チェック部品改修	レビュー修正	06/16	06/16	清水	-	遅れ
003_税額計算部品改修	レビュー修正	06/16	06/21	清水	-	遅れ
001_残高更新部品改修	単体テスト設計書	05/15	05/25	田中	○	
001_残高更新部品改修	テスト設計書修正	06/10	06/13	田中	-	遅れ
002_共通チェック部品改修	プログラム設計	05/15	05/25	田中	○	
003_税額計算部品改修	レビュー	06/10	06/16	田中	○	
003_税額計算部品改修	再レビュー	06/21	06/23	田中	-	遅れ

「案件順表示」ボタンをクリックして、「案件順表示」画面が再び正しく表示されるかどうかも確認しましょう。正しく動作することが確認できれば、このアプリは完成です。

　最後にサンプルスクリプトの全体像を掲載しておきます。

chapter6_2.gs

```
01  const scheduleFolder = DriveApp.getFolderById("XXXXXXXXXX");
02
03  function doGet(e) {
04    if (e.parameter.orderBy === "person") {
05      return HtmlService.createTemplateFromFile("byPerson").
    evaluate();
06    } else {
07      return HtmlService.createTemplateFromFile("byProject").
    evaluate();
08    }
09  }
10
11  function getData(order) {
12    const files = scheduleFolder.getFiles();
13    let values;
14    let newList = [];
15
16    while (files.hasNext()) {
17      const file = files.next();
18      const sheet = SpreadsheetApp.open(file).getActiveSheet();
19      values = sheet.getDataRange().getValues();
20      values.shift();
21
22      values = checkBehind(values);
23      values = formatDate(values);
24      values = insertProjectName(values, file);
25      newList = newList.concat(values);
26    }
27
28    if (order === "byProject") {
29      newList.sort(function(a, b) {
30        if (a[0] < b[0]) { return -1; }
31        if (a[0] > b[0]) { return 1; }
32        if (a[2] < b[2]) { return -1; }
33        if (a[2] > b[2]) { return 1; }
34        return 0;
35      });
36    } else {
37      newList.sort(function(a, b) {
```

```javascript
38        if (a[4] < b[4]) { return -1; }
39        if (a[4] > b[4]) { return 1; }
40        if (a[0] < b[0]) { return -1; }
41        if (a[0] > b[0]) { return 1; }
42        if (a[2] < b[2]) { return -1; }
43        if (a[2] > b[2]) { return 1; }
44        return 0;
45      });
46    }
47    return newList;
48  }
49
50  function checkBehind(values) {
51    for (let i = 0; i < values.length; i++) {
52      if (values[i][4] === "-") {
53        const endDate = Moment.moment(new Date(values[i][2])).
   format();
54        if (Moment.moment().isAfter(endDate)) {
55          values[i].push("遅れ");
56        } else {
57          values[i].push("");
58        }
59      } else {
60        values[i].push("");
61      }
62    }
63    return values;
64  }
65
66  function formatDate(values) {
67    for (let i = 0; i < values.length; i++) {
68      values[i][1] = Moment.moment(new Date(values[i][1])).
   format("MM/DD");
69      values[i][2] = Moment.moment(new Date(values[i][2])).
   format("MM/DD");
70    }
71    return values;
72  }
73
74  function insertProjectName(values, file) {
75    for (let i = 0; i < values.length; i++) {
76
77      values[i].splice(0, 0, file.getName());
78    }
79    return values;
80  }
```

byProject.html

```
01  <!DOCTYPE html>
02  <html>
03    <head>
04      <base target="_top">
05    </head>
06    <body>
07      <h1>案件順表示</h1>
08      <form method="GET" action="https://script.google.com/macros/s/XXXXXXXXXX/exec">
09      <button type="submit" name="orderBy" value="person">担当者順表示</button>
10      </form>
11      <br>
12      <? var data = getData("byProject") ?>
13      <table border="1">
14      <tr>
15        <th>案件</th>
16        <th>工程</th>
17        <th>開始予定</th>
18        <th>終了予定</th>
19        <th>担当</th>
20        <th>完了</th>
21        <th>遅れ</th>
22      </tr>
23      <? for (var i = 0; i < data.length; i++) { ?>
24        <tr>
25        <? for (var j = 0; j < data[i].length; j++) { ?>
26          <td><?= data[i][j] ?></td>
27        <? } ?>
28        </tr>
29      <? } ?>
30      </table>
31    </body>
32  </html>
```

byPerson.html

```
01  <!DOCTYPE html>
02  <html>
03    <head>
04      <base target="_top">
05    </head>
06    <body>
07      <h1>担当者順表示</h1>
08      <form method="GET" action="https://script.google.com/macros/s/XXXXXXXXXX/exec">
09        <button type="submit" name="orderBy" value="project">案件順表示</button>
10      </form>
11      <br>
12      <? var data = getData("byPerson") ?>
14      <table border="1">
15      <tr>
16        <th>案件</th>
17        <th>工程</th>
18        <th>開始予定</th>
19        <th>終了予定</th>
20        <th>担当</th>
21        <th>完了</th>
22        <th>遅れ</th>
23      </tr>
24      <? for (var i = 0; i < data.length; i++) { ?>
25        <tr>
26        <? for (var j = 0; j < data[i].length; j++) { ?>
27          <td><?= data[i][j] ?></td>
28        <? } ?>
29        </tr>
30      <? } ?>
31      </table>
32    </body>
33  </html>
```

Chapter
7

スクリプトを
デバッグする

⊙68 デバッグモードの利用方法

スクリプトエディタには、**デバッグモード**という機能が搭載されています。デバッグモードでは、スクリプトの指定した行で実行を一時停止させ、その時点での各変数の値を調べたり、スプレッドシートやドライブの状態を確認したりできます。

変数の値や関数の戻り値を確認する方法としては、Chapter 2で紹介したLogger.log()もありますが、デバッグモードを使うと、より効率的かつ細かく動きを追うことができます。作成したスクリプトが想定通りに動作しない際には、デバッグモードを活用して、バグの発見に役立てましょう。

☑ デバッグモードを起動する

それでは、スクリプトをデバッグモードで実行してみましょう。エディタの行番号をクリックすると、赤い丸が表示されます。これを**ブレークポイント**といい、設置された行でスクリプトの実行が一時停止します。

ブレークポイントが設置されている状態で、実行する関数を選択し、実行ボタンの隣の虫のアイコン（［デバッグ］ボタン）をクリックします。

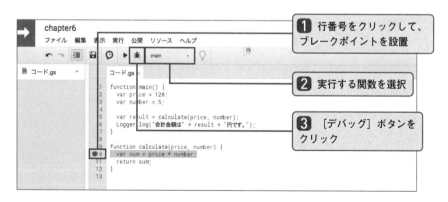

すると、デバッグモードでスクリプトが実行されます。デバッグモードでの実行中は、ツールバーにデバッグ用のボタンが表示されます。また、エディタの下にはデバッグのための情報を表示するテーブルが表示されます。

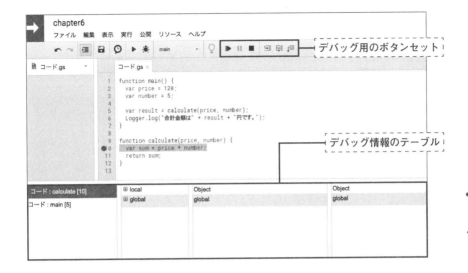

☑ 変数の値を確認する

　デバッグモードを使い、変数の値を確認してみましょう。次のようなスクリプトを例に説明していきます。

コード.gs

```
01  function main() {
02    var price = 120;
03    var number = 5;
04
05    var result = calculate(price, number);
06    Logger.log("合計金額は" + result + "円です。");
07  }
08
09  function calculate(price, number) {
10    var sum = price * number;
11    return sum;
12  }
```

　今回は、10行目の変数sumの値を確認します。行番号の11行目（10行目ではありません）をクリックし、ブレークポイントを設置します。main関数を実行する関数に指定し、[デバッグ] ボタンをクリックします。

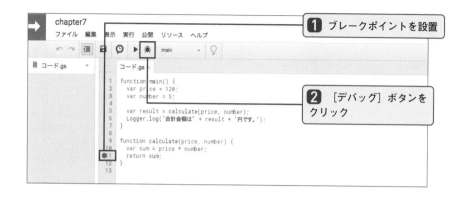

　デバッグモードでスクリプトが実行され、11行目で停止します。この状態で、デバッグ情報テーブルの「local」の［+］ボタンをクリックします。すると「local」が展開し、スクリプトに定義されている変数と、その値の一覧が表示されます。

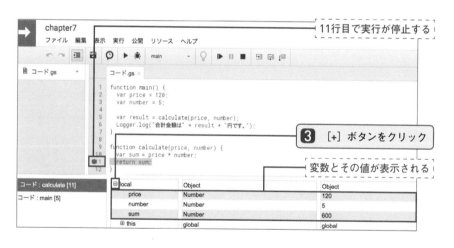

　変数sumの値は、600であることが確認できます。また、ブレークポイントを設置した行より前に定義されている変数の値も、表示されていることがわかります。

　ブレークポイントで一時停止している状態で、ツールバーの［デバッグを続行］ボタンをクリックすると、デバッグモードのまま実行を再開し、次のブレークポイントがあればそこで停止します（ブレークポイントは複数設置できます）。［デバッグを中止］ボタンをクリックすると、デバッグモードが終了し、それ以降のコードは実行せずに処理を終了します。

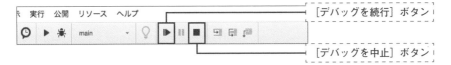

変数を確認する際の注意点

デバッグ情報テーブルの情報は、**ブレークポイントの直前**ということに注意してください。ブレークポイントで実行が停止した時点では、**ブレークポイントが設置されている行のコードは、まだ実行されていません。**

先ほどの例でいえば、10行目の変数sumの値を確認するために10行目にブレークポイントを設置すると、10行目の「var sum = price * number」を実行する直前で処理が停止します。そのため、変数sumの値は割り当てられていない状態（undefined）となってしまいます。

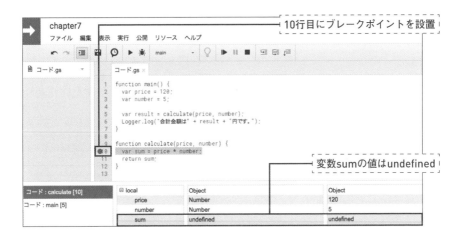

ステップ実行

デバッグモードでは、ブレークポイント以外を設置して実行を一時停止する他、**ステップ実行**といい、行ごと、または関数ごとにコードを実行して、変数の値などを確認することができます。ステップ実行には、ステップイン、ステップオーバー、ステップアウトの3種類があります。

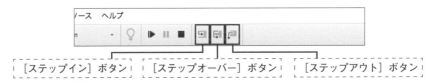

ステップイン

ステップインは、1行ずつコードを実行します。先ほどのコードを例に、使い方を見てみましょう。まずは、先ほどと同様の手順で、ブレークポイントを設置し、デバッグモードでスクリプトを実行します。ブレークポイントで実行が一時停止したら、[ステップイン]ボタンをクリックしてみましょう。すると、次の行までコードが実行されます。

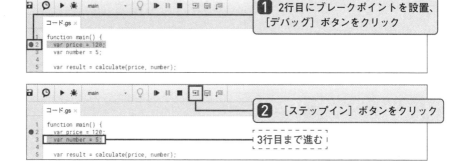

ステップイン実行では、関数を呼び出した場合、呼び出した関数内においても1行ずつコードを実行します。

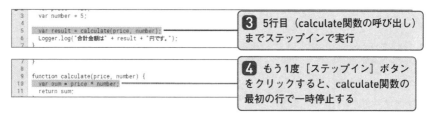

ステップオーバー

ステップオーバーは、ステップインと同様、1行ずつコードを実行しますが、呼び出した関数内のコードは一時停止せずに実行します。

ステップアウト

ステップアウトは、現在の関数を出るまで実行を進めます。関数内で一時停止した状態で、それ以上関数内を見る必要がないときに利用する機能です。[ステップアウト]ボタンをクリックすると、その関数の外に出るまで実行されます。そして、関数から出て、呼び出し元に戻ったところで一時停止します。

275

GASサンプル配布用スクリプトの使い方

「GASサンプル配布用スクリプト.gs」は、サンプルスクリプトの動作テストに使うスプレッドシートなどのファイルを、Googleドライブ上に展開するためのスクリプトです。実行すると、マイドライブ内に［できるGAS全部入りサンプル］フォルダが作成され、その中にフォルダやファイルが作成されます。なお、セキュリティの制限でスクリプトは自動作成できないため、サンプルスクリプトは手動でコピー＆ペーストしてください。

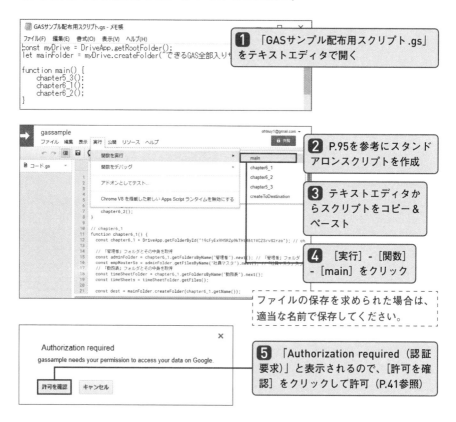

1 「GASサンプル配布用スクリプト.gs」をテキストエディタで開く

2 P.95を参考にスタンドアロンスクリプトを作成

3 テキストエディタからスクリプトをコピー＆ペースト

4 ［実行］-［関数］-［main］をクリック

ファイルの保存を求められた場合は、適当な名前で保存してください。

5 「Authorization required（認証要求）」と表示されるので、［許可を確認］をクリックして許可（P.41参照）

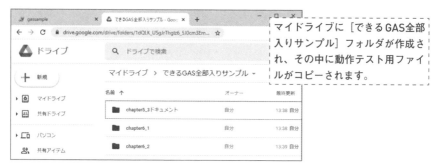

マイドライブに［できるGAS全部入りサンプル］フォルダが作成され、その中に動作テスト用ファイルがコピーされます。

本書サンプルスクリプトのダウンロードについて

本書で使用しているサンプルスクリプトは、下記の本書サポートページからダウンロードできます。zip形式で圧縮しているので、展開してからご利用ください。

【本書サポートページ】

https://book.impress.co.jp/books/1120101041

1 上記URLを入力してサポートページを表示

2 [ダウンロード] をクリック

画面の指示にしたがってファイルを
ダウンロードしてください。
※Webページのデザインやレイアウトは
　変更になる場合があります。

staff list スタッフリスト

カバー・本文デザイン	米倉英弘（株式会社細山田デザイン事務所）
DTP	リブロワークス
デザイン制作室	今津幸弘、鈴木 薫
監修	吉田哲平
編集	今村享嗣
	大津雄一郎、大高友太郎（リブロワークス）
編集長	柳沼俊宏

■商品に関するお問い合わせ先
インプレスブックスのお問い合わせフォーム
https://book.impress.co.jp/info/
上記フォームがご利用いただけない場合のメールでの問い合わせ先
info@impress.co.jp

■落丁・乱丁本などのお問い合わせ先
TEL　03-6837-5016　FAX　03-6837-5023
service@impress.co.jp
受付時間　10:00〜12:00 / 13:00〜17:30
　　　　　（土日・祝祭日を除く）
●古書店で購入されたものについてはお取り替えできません。

■書店／販売店の窓口
株式会社インプレス　受注センター
TEL　048-449-8040　FAX　048-449-8041

株式会社インプレス　出版営業部
TEL　03-6837-4635

できる 仕事がはかどる
Google Apps Script自動処理 全部入り。

2020年11月21日　初版発行

監修　　吉田 哲平
著者　　リブロワークス
発行人　小川 亨
編集人　高橋隆志
発行所　株式会社 インプレス
　　　　〒101-0051　東京都千代田区神田神保町一丁目105番地
　　　　ホームページ　https://book.impress.co.jp/

印刷所　　音羽印刷株式会社
ISBN978-4-295-01023-4　C3055

Printed in Japan